Form- und Lagetoleranzen von Kunststoff-Formteilen

Jetzt diesen Titel zusätzlich als E-Book downloaden und 70 % sparen!

Als Käufer dieses Buchtitels haben Sie Anspruch auf ein besonderes Kombi-Angebot: Sie können den Titel zusätzlich zum Ihnen vorliegenden gedruckten Exemplar für nur 30 % des Normalpreises als E-Book beziehen.

Der BESONDERE VORTEIL: Im E-Book recherchieren Sie in Sekundenschnelle die gewünschten Themen und Textpassagen. Denn die E-Book-Variante ist mit einer komfortablen Volltextsuche ausgestattet!

Deshalb: Zögern Sie nicht. Laden Sie sich am besten gleich Ihre persönliche E-Book-Ausgabe dieses Titels herunter.

In 3 einfachen Schritten zum E-Book:

❶ Rufen Sie die Website **www.beuth.de/e-book** auf.

❷ Geben Sie hier Ihren persönlichen, nur einmal verwendbaren E-Book-Code ein:

29344FA31272310

❸ Klicken Sie das „Download-Feld“ an und gehen dann weiter zum Warenkorb. Führen Sie den normalen Bestellprozess aus.

Hinweis: Der E-Book-Code wurde individuell für Sie als Erwerber dieses Buches erzeugt und darf nicht an Dritte weitergegeben werden. Mit Zurückziehung dieses Buches wird auch der damit verbundene E-Book-Code für den Download ungültig.

Form- und Lagetoleranzen von Kunststoff-Formteilen

Prof. Dr. Martin Bohn

Form- und Lagetoleranzen von Kunststoff-Formteilen

Praxisleitfaden zur DIN ISO 20457

1. Auflage 2020

Herausgeber:
DIN Deutsches Institut für Normung e. V.

Beuth Verlag GmbH · Berlin · Wien · Zürich

Herausgeber: DIN Deutsches Institut für Normung e. V.

© 2023 Beuth Verlag GmbH (korrigierter Nachdruck)
Berlin · Wien · Zürich
Am DIN-Platz
Burggrafenstraße 6
10787 Berlin

Telefon: +49 30 2601-0
Telefax: +49 30 2601-1260
Internet: www.beuth.de
E-Mail: kundenservice@beuth.de

Satz: Beuth Verlag GmbH, Berlin

Druck: Print Group, Stettin

Gedruckt auf säurefreiem, alterungsbeständigem Papier nach DIN EN ISO 9706

ISBN 978-3-410-29344-6
ISBN (E-Book) 978-3-410-29345-3

Über den Autor

Prof. Dr. Martin Bohn leitet die Toleranzexperten GmbH. Schwerpunkte sind Projekte und Schulungen zur kosteneffizienten Produkt- und Prozessgestaltung. Ein wesentlicher Baustein dabei ist das Toleranzmanagement mit der damit verbundenen funktionsorientierten Tolerierung.

Herr Prof. Dr. Bohn ist Vorsitzender vom DIN-Arbeitskreis zur geometrischen Produktspezifikation (GPS). Darüber hinaus war Herr Prof. Dr. Bohn bis 2017 Leiter der ISO-Arbeitsgruppe zur Erstellung der Allgemeintoleranznorm von Kunststoff-Formteilen.

Seit Abschluss des Studiums des allgemeinen Maschinenbaus an der TH Darmstadt und der Promotion zum Thema „Toleranzmanagement im Entwicklungsprozess“ leitete er das Toleranzmanagement diverser Baureihen bei der Daimler AG bis er an die Hochschule Kempten berufen wurde.

Vorwort

Normen beschreiben technische Sachverhalte in einer abstrakten Sprache. Dies ist für einen ungeübten Leser teilweise schwer verständlich und führt in der Praxis häufig zu Missverständnissen bis hin zur Nichtanwendung von Normen. Ziel dieses Buchs ist es, die Vorgehensweise zur Tolerierung von Kunststoff-Formteilen relativ einfach und an Beispielen zu erklären.

Die DIN 16742 war als deutsche Norm für Kunststoff-Formteile etabliert und wurde auch international oft angewendet. Daher wurde die ISO 20457 auf Basis der DIN 16742 erstellt. Im Detail gibt es jedoch aufgrund der internationalen Abstimmungen Unterschiede. Um der deutschen Industrie schnellstmöglich diese Norm in Deutsch zur Verfügung zu stellen, wurde auf den langen Weg, aus einer ISO-Norm zuerst eine EN-ISO-Norm und dann eine DIN-EN-ISO-Norm zu machen, verzichtet und direkt aus der ISO-Norm eine DIN-ISO-Norm erstellt. Diese unterscheidet sich nur in den nationalen Kommentaren von der ISO-Norm, enthält jedoch noch zusätzliche Erklärungen.

Ich danke Herrn Dipl.-Ing. Dirk Falke, meinem Nachfolger als Obmann der ISO-Arbeitsgruppe zur Erstellung der ISO 20457, für seine tatkräftige Unterstützung.

Prof. Dr.-Ing. Martin Bohn

März 2023

Inhaltsverzeichnis

1 Abkürzungen und Begriffe

Für die leichtere Verständlichkeit sind die wichtigsten Begriffe kurz im folgenden Abschnitt erklärt.

Direkte Toleranz/Tolerierung

Eine Toleranz, die auf der Zeichnung steht

Indirekte Tolerierung

Es existiert keine Toleranz für dieses Merkmal auf der Zeichnung, stattdessen Verwendung der Allgemeintoleranz

Modifikator

Mittels eines Modifikators kann die Standardspezifikation eines Merkmals, z. B. Wirkungsweise eines Bezugs oder Form der Toleranzzone, geändert werden

GPS-Merkmal

Grundmerkmal (ein intrinsisches Merkmal oder ein Stellungsmerkmal in Bezug auf den Ort oder die Richtung) [DIN EN ISO 17450-3]

2 Einleitung

Die Spezifikation von Kunststoff-Formteilen erfolgt weitestgehend analog zu metallischen Bauteilen anhand der GPS-Normen (Geometrische Produktspezifikation). Die Besonderheiten von Kunststoff-Formteilen sind:

- teils geringe Steifigkeit
- Entformungsschrägen
- zeitabhängiges Verhalten
- temperaturabhängiges Verhalten

Um einen generellen Überblick über die Tolerierung von Kunststoff-Formteilen zu geben, wird in diesem Buch nicht nur auf die DIN ISO 20457 *Kunststoff-Formteile – Toleranzen und Abnahmebedingungen* eingegangen, sondern die komplette Vorgehensweise der Tolerierung mit den dazugehörigen relevanten Normen erklärt.

Warnhinweis

Die DIN ISO 20457 basiert auf der DIN 16742. Durch den internationalen Abstimmungsprozess haben sich diverse Änderungen ergeben. Daher müssen bei einem Wechsel oder einem Vergleich genau die Änderungen betrachtet werden. In Kapitel 12 sind die wichtigsten Änderungen zusammengefasst.

Hinweis

Es wird nur auf die relevantesten Inhalte einiger Normen eingegangen, für vertiefende Inhalte und Aktualisierungen sind die aktuellen Normen zu verwenden.

Erläuterung

Die Zeichnungen dienen der Veranschaulichung eines Zusammenhangs. Zur leichteren Lesbarkeit sind die Schriftgrößen nicht immer normgerecht, sondern zum Teil vergrößert. Ebenso sind die Zeichnungen zur Übersichtlichkeit nicht immer vollständig. Insbesondere sind theoretisch exakte Maße oft weggelassen.

3 Vorgehensweise der Tolerierung

In der Norm DIN ISO 20457 wird an mehreren Stellen explizit darauf hingewiesen, dass die Funktionen direkt toleriert werden müssen. Dies entspricht dem *Grundsatz der Funktionsbeherrschung*, siehe DIN EN ISO 8015:2011-09, 5.11.

> Die Funktion jedes Werkstückes wird durch einen Funktionsoperator ausgedrückt und kann durch eine Menge von Spezifikationsoperatoren nachgebildet werden, die wiederum eine Menge von Messgrößen und die diesen Messgrößen zugeordneten Toleranzen festlegen.
>
> Die Spezifikation eines Werkstückes ist vollständig, wenn alle beabsichtigten Funktionen des Werkstückes beschrieben sind und durch GPS-Spezifikationen kontrolliert werden. In den meisten Fällen wird die Spezifikation unvollständig sein, weil einige Funktionen unvollkommen oder überhaupt nicht beschrieben/kontrolliert werden. Folglich kann es eine gute oder schlechte Korrelation zwischen der Funktion und der verwendeten Menge der GPS-Spezifikationen geben.
>
> Jeder Mangel einer Korrelation zwischen den funktionellen Anforderungen und den Anforderungen der GPS-Spezifikationen führt zu einer Mehrdeutigkeit in der Beschreibung der Funktion.

Daraus folgt die in Bild 3.1 dargestellte Vorgehensweise zur Tolerierung. Der letzte Schritt ist eine Konsequenz aus der DIN ISO 20457.

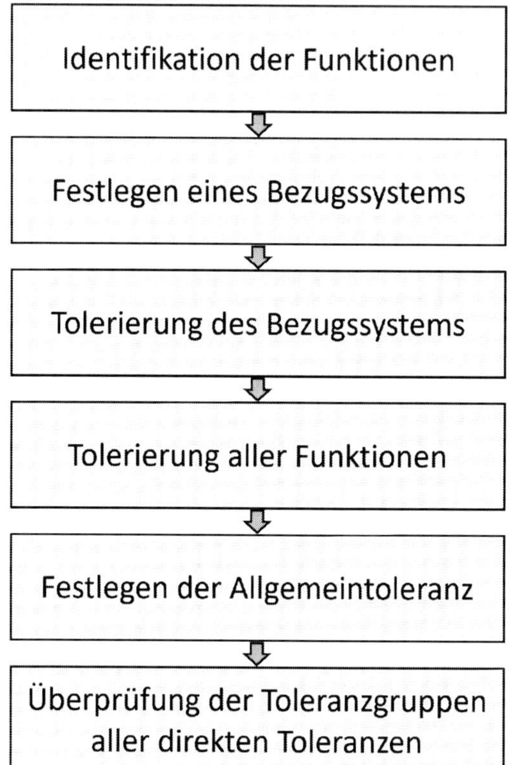

Bild 3.1: Vorgehensweise der Tolerierung

Auf die einzelnen Schritte wird in den folgenden Kapiteln eingegangen.

4 Funktionen

Der Grundsatz der Funktionsbeherrschung aus der DIN EN ISO 8015 verlangt, dass alle Funktionen des Bauteils explizit beschrieben sind. Nur eine derartige Spezifikation stellt die Funktion sicher. Sind nicht alle Funktionen durch Bezüge und Toleranzen beschrieben, ist die Zeichnung unvollständig.

Bei der Suche nach den Funktionen hilft der folgende Leitsatz.

Empfehlung

Die Funktionen eines Bauteils befinden sich im Regelfall an den Schnittstellen zu den Nachbarbauteilen und eventuell in der Form selbst.

5 Bezüge und Bezugssystem

Basis der Form- und Lagetolerierung ist ein Bezugssystem, es wird aus Bezügen gebildet. Die generellen Regeln sind in der DIN EN ISO 5459 *Bezüge und Bezugssysteme* beschrieben.

5.1 Einzelbezüge

Die DIN EN ISO 5459 legt die Verwendung von Bezügen folgendermaßen fest:

Bezüge werden verwendet, um den Ort und/oder die Richtung eines Bauteils festzulegen, oder sie dienen dazu, den Ort und/oder die Richtung festzulegen, um darauf eine Toleranz zu beziehen.

Daraus können mehrere Schlussfolgerungen gezogen werden:

- Bezüge sind an den Stellen anzuordnen, an denen das Bauteil seine Lage im Produkt findet.
- Bezüge sind per Definition exakt.

Die Beispiele aus der Norm lassen sich nicht direkt auf Kunststoff-Formteile anwenden. Bild 5.1 zeigt so einen Fall.

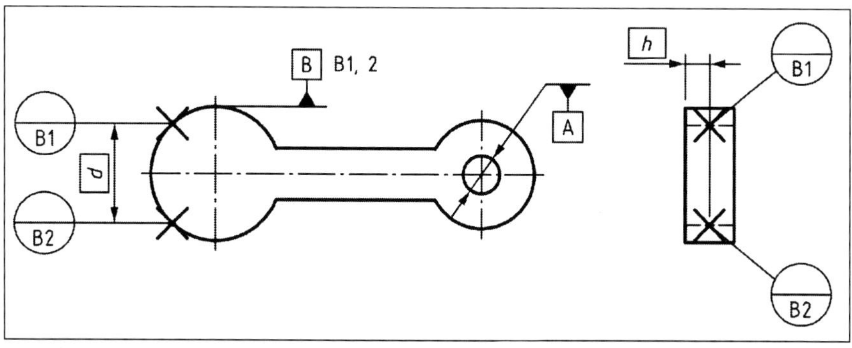

Quelle: DIN EN ISO 5459

Bild 5.1: Bezugsstelle im Loch nach DIN EN ISO 5459

Der Bezug *A* ist die Mittelachse des zylindrischen Lochs. Dazu wird das Bezugselementsymbol an die Durchmesserbemaßung des Lochs angetragen. Kunststoff-Formteile haben jedoch meist Entformungsschrägen. Daher ist ein Loch in diesen Fällen kein Zylinder, sondern ein Kegelstumpf. Deshalb stellt sich die Frage nach der Funktion. Was bzw. welches Geometrieelement bestimmt genau die Lage des Bezugs. Die verschiedenen Möglichkeiten zeigt Bild 5.2.

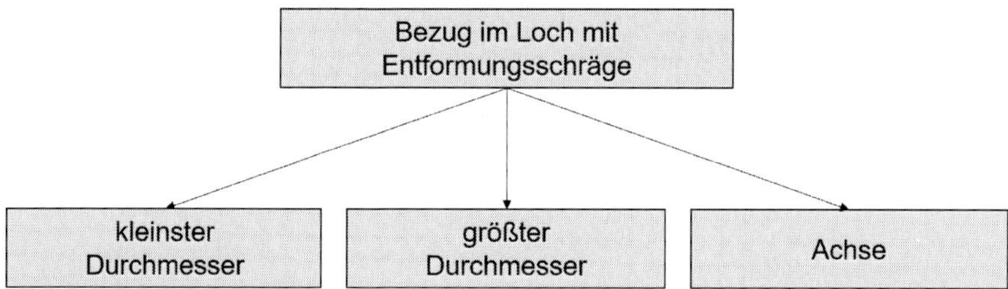

Bild 5.2: Bezug im Loch

Im Bild 5.3: sind in den verschiedenen Varianten des Schnitts *A-A* die unterschiedlichen Möglichkeiten zeichnerisch dargestellt. In der Schnittansicht *A-A[1]* ist der Mittelpunkt des kleinsten Durchmessers der Bezug *B*. Dies wird typischerweise angewendet, wenn das Gegenstück ein zylindrischer Bolzen ist. Die Variante *A-A[2]* mit dem Bezug *C* als Mittelpunkt des größten Durchmessers kommt selten vor. Der Bezug *D* aus der Schnittansicht *A-A[3]* wird beispielsweise verwendet, wenn das Gegenstück ein Kegel ist.

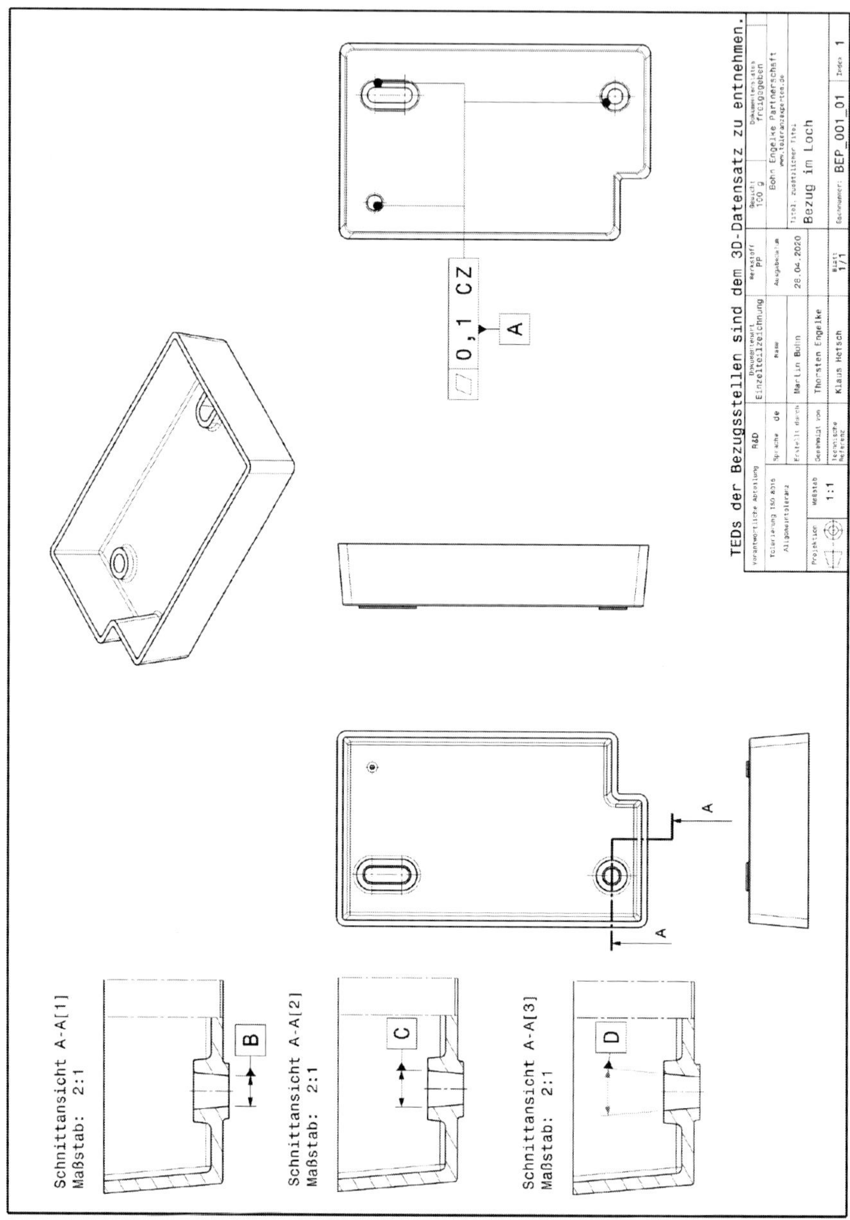

Bild 5.3: Verschiedene Zeichnungseinträge für Bezug im Loch

Die Variante des Bezugs *D* an der Winkelbemaßung ist jedoch mit Bedacht anzuwenden. Nach der DIN EN ISO 5459:2013-05, Anhang C (siehe Bild 5.4) ist der Bezug sowohl die Achse als auch ein Punkt.

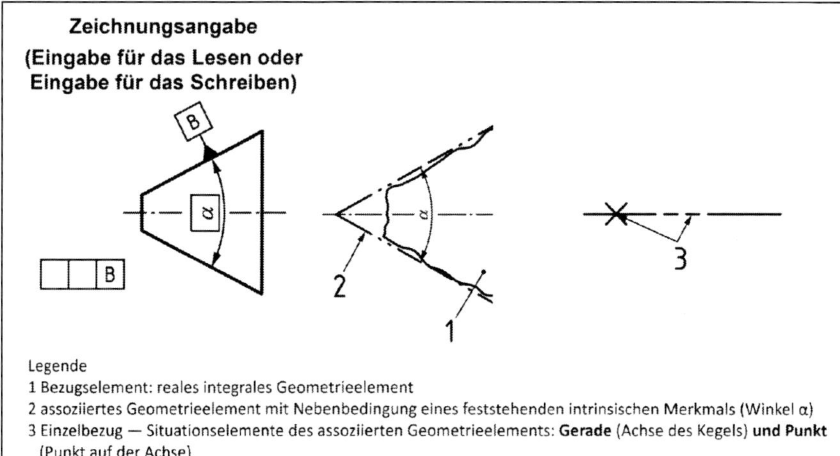

Quelle: DIN EN ISO 5459

Bild 5.4: Einzelbezug eines Kegels

Falls nur die Achse der Bezug sein soll, ist in jeder Toleranz hinter dem Bezug der Modifikator [SL] zu setzen. Diese Betrachtungen gelten analog für ein Langloch mit Entformungsschrägen, es ist lediglich der Modifikator [PL] zu verwenden.

Hinweis

Eine Definition des Bezugs in der Ansicht entsprechend der Darstellung aus Bild 5.1 ist nur in dem Fall zulässig, wenn der kleinste Durchmesser der Bezug sein soll und auch nur in der Ansicht, in der dieser der einzige sichtbare Durchmesser ist. Dies wäre beispielsweise die Ansicht aus Bild 5.3, in der der Bezug A definiert ist. Im Zweifelsfall ist eine Darstellung im Schnitt zu bevorzugen.

In der Praxis tritt ein weiteres Problem auf. Das Bild 5.5 zeigt das Kunststoff-Formteil im Werkzeug.

Bild 5.5: Kunststoff-Formteil im Werkzeug

An der Formtrennung im Werkzeug wird ein Grat am Kunststoff-Formteil entstehen. Dies muss bei der Variante A-A[1] (Bezug am kleinsten Durchmesser) aus Bild 5.3: berücksichtigt werden. Beim Verbau wird der Bolzen den Grat wegdrücken, beim Messen verursacht der Grat Probleme. Daher wird in der Praxis der Bezug oft als Kreismittelpunkt in einer definierten Höhe festgelegt. Das Bild 5.6 zeigt zwei alternative Darstellungen unter Verwendung des Modifikators SCS.

Der Modifikator SCS nach DIN EN ISO 14405-1:2017-07, Tabelle 2 beschreibt einen definierten Schnitt senkrecht zur Rotationsachse.

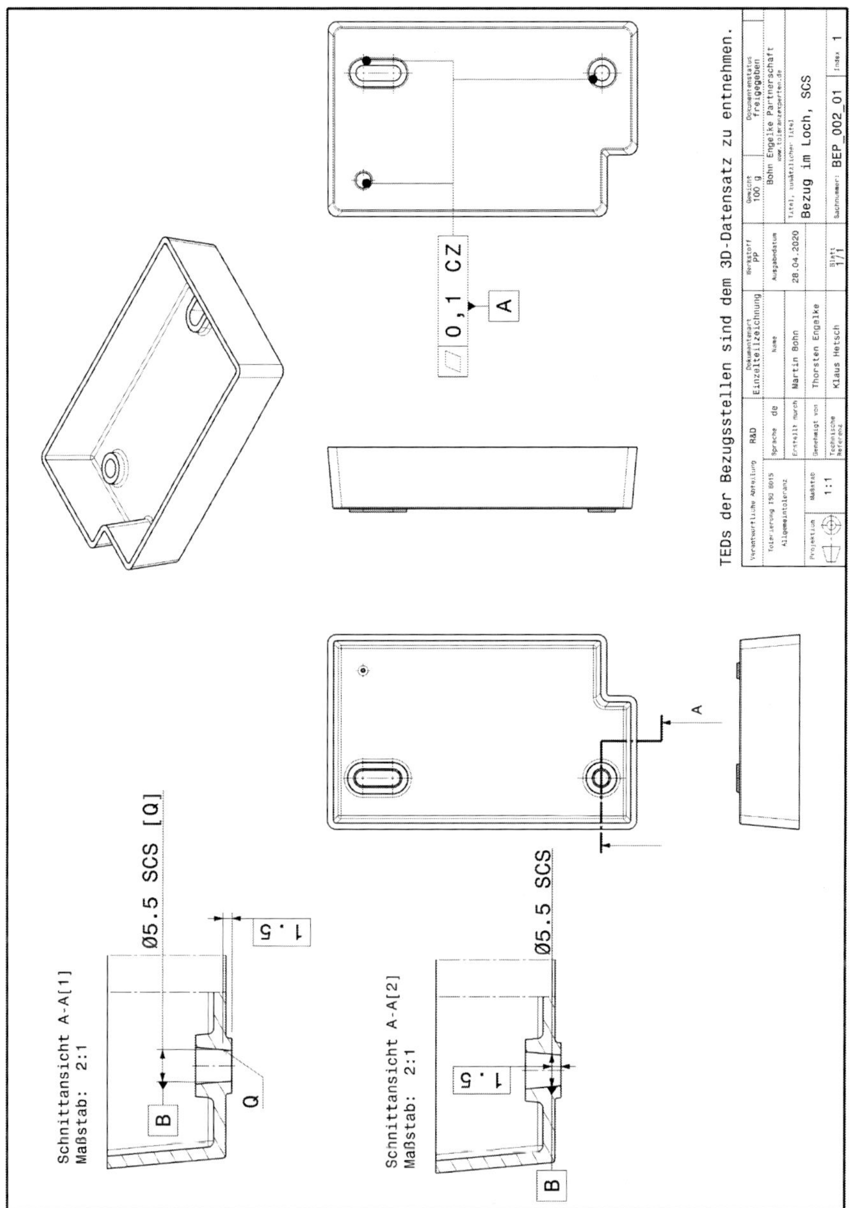

Bild 5.6: Bezug im Loch als Kreismittelpunkt in definierter Höhe

In der Schnittansicht A-A[1] wird die Lage des Schnitts mittels eines bemaßten Hinweispfeils definiert. Der Buchstabe auf dem Hinweispfeil, in diesem Fall *Q*, muss dann in eckigen Klammern hinter dem Modifikator SCS gezeichnet werden. Eine etwas einfachere Darstellung zeigt die Schnittansicht A-A[2]. Hier wird die Maßlinie in ihrer Lage durch ein theoretisch exaktes Maß festgelegt.

Die Spezifikation eines Lochmittelpunkts in einer definierten Höhe schützt vor Einflüssen wie z. B. Formtrenngraten oder Verschleiß von Radien. Bei der Vermessung wird jedoch ein Messmittel wie z. B. eine Messmaschine benötigt, welche den Mittelpunkt in einer definierten Höhe bestimmen kann.

Soll nur eine Lehre verwendet werden, sollte das Loch zumindest partiell zylinderförmig und ohne nennenswerten Formtrenngrat ausgeführt werden.

5.2 Bezugssystem

Ein Bezugssystem wird aus mehreren Bezügen in einer bestimmten Reihenfolge gebildet. Durch die Reihenfolge ergeben sich folgende Nebenbedingungen der Richtung:

- Der Primärbezug wird von den anderen Bezügen nicht beeinflusst.
- Der Sekundärbezug wird ausschließlich vom Primärbezug beeinflusst.
- Der Tertiärbezug wird vom Primärbezug und Sekundärbezug beeinflusst.

Die Bezüge stehen dann alle senkrecht bzw. parallel zueinander. Das Bild 5.7 zeigt Beispiel für ein Bezugssystem aus der DIN EN ISO 5459.

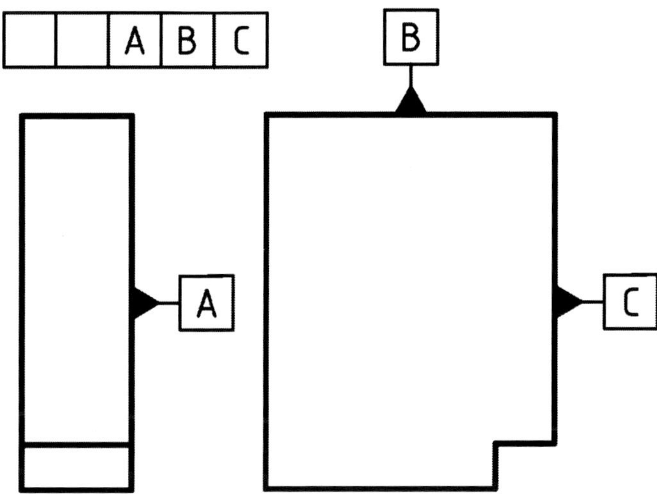

Quelle: DIN EN ISO 5459

Bild 5.7: Bezugssystem nach DIN EN ISO 5459

Das Bezugssystem besteht aus drei zueinander senkrechten Ebenen. Bei Kunststoff-Formteilen treten dabei zwei Probleme auf.

1) In der Regel tritt ein Verzug auf, d. h., das Kunststoff-Formteil wird nicht flächig aufliegen, und der Verzug wird die Lage verändern.
2) Kunststoff-Formteile haben Entformungsschrägen, d. h., es gibt meist keine senkrecht zueinanderstehenden Ebenen.

Die einfachste Lösung, um die beiden Probleme zu umgehen, ist die Verwendung von Bezugsstellen. Dies zeigt Bild 5.8.

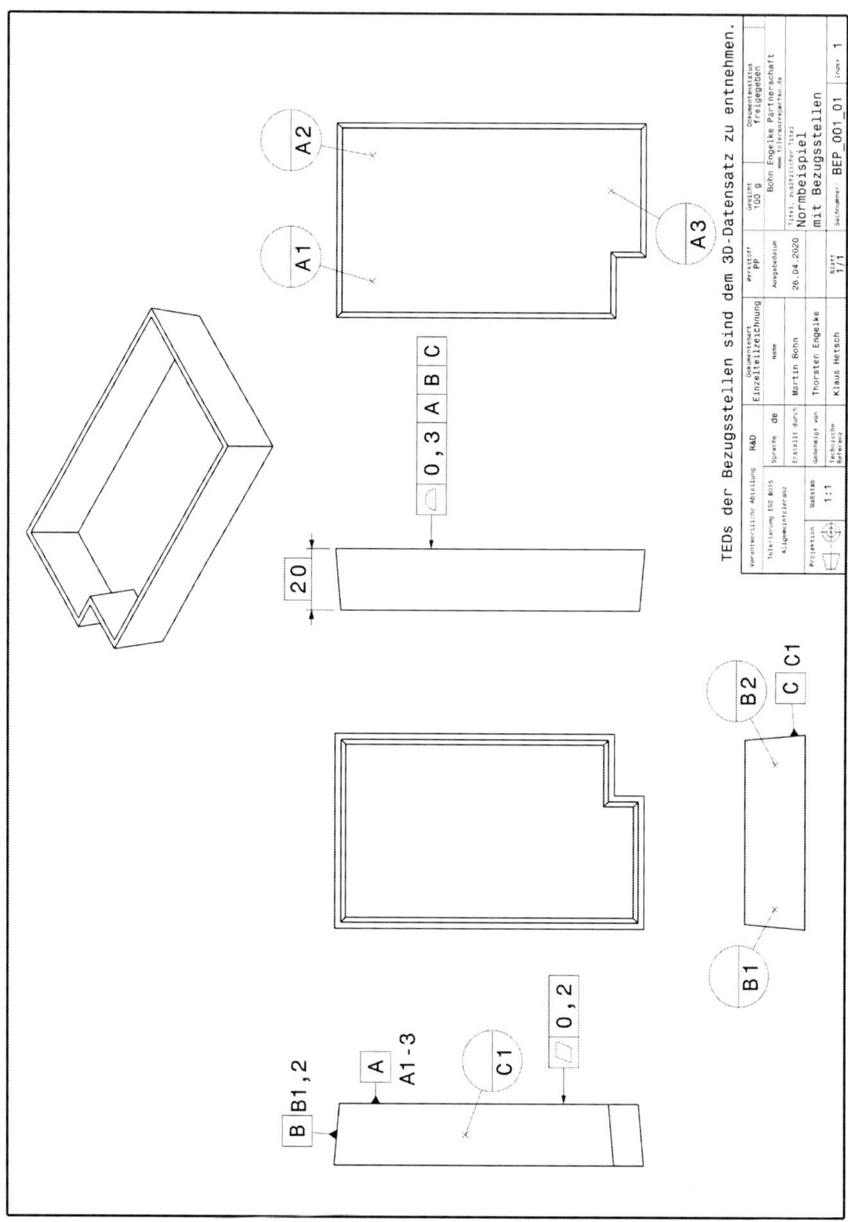

Bild 5.8: Bezugssystem mit Bezugsstellen

Der Primärbezug *A* ist die Ebene durch die drei Bezugsstellen *A1, A2* und *A3*. Der Sekundärbezug *B* ist die Ebene durch die Bezugsstellen *B1* und *B2*, welche senkrecht auf dem Primärbezug *A* steht. Der Tertiärbezug *C* ist die Ebene durch *C1*, welche senkrecht zum Primärbezug *A* und dem Sekundärbezug *B* ist. Durch die Verwendung von Bezugsstellen geht die Ebenheit von 0,2 mm nicht in die mit 0,3 mm tolerierte Höhe mit ein.

Hinweis

Die Bezugsstellen liegen an Orten, an denen das Bauteil seine Lage im Produkt findet. Falls möglich sollte dies auf einer stabilen Geometrie erfolgen.

Empfehlung

Wenn der Formfehler der Bezugsfläche mindestens 10 mal kleiner ist als die kleinste davon beeinflusste Toleranz, kann der Bezug direkt aus dem Bezugselement gebildet werden. Ist dies nicht der Fall, sollte der Bezug aus Bezugsstellen gebildet werden. Dies führt in den allermeisten Fällen zu Bezügen aus Bezugsstellen oder gemeinsamen Bezügen aus kleinen Anlageflächen.

Die kunststoffgerechte Gestaltung empfiehlt, die Funktionen, hier der Bezug, auf kleine Einzelflächen zu legen. Dies zeigt das Bild 5.9.

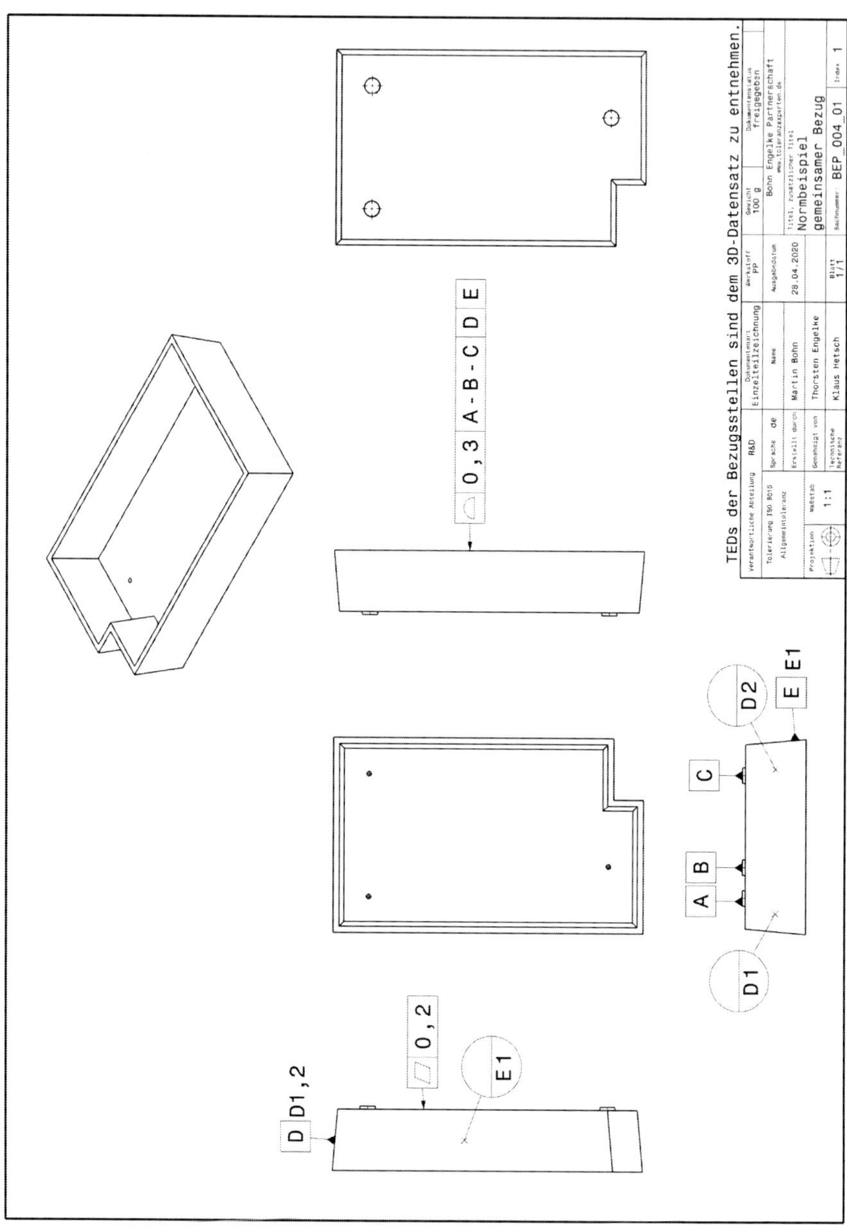

Bild 5.9: Bezugssystem mit einem gemeinsamen Bezug

Der gemeinsame Bezug *A-B-C* ist die an den 3 Domen anliegende Fläche. Die Toleranz *Ebenheit* von 0,2 mm auf der großen Fläche ist nun funktional nicht mehr relevant. Es ist empfehlenswert, die drei Dome zueinander zu tolerieren. Damit ergeben sich auch von der Schreibweise her Vereinfachungen. Dies zeigt Bild 5.10.

Die drei Flächen der Dome werden mittels Ebenheit und dem Modifikator *CZ* (kombinierte Zone) toleriert. An diese Toleranz wird der Bezug *A* angetragen. Da der Bezug *A* aus mehreren Flächen gebildet wird, muss er im Bezugssystem als gemeinsamer Bezug *A-A* verwendet werden.

Aus den einzelnen Bezügen wird das Bezugssystem gebildet. In einer Zeichnung können verschiedene Bezugssysteme verwendet werden. Damit das Hauptbezugssystem für die Allgemeintoleranzen nach DIN ISO 20457 klar definiert ist, wird das Hauptbezugssystem in der Nähe des Schriftfelds angegeben.

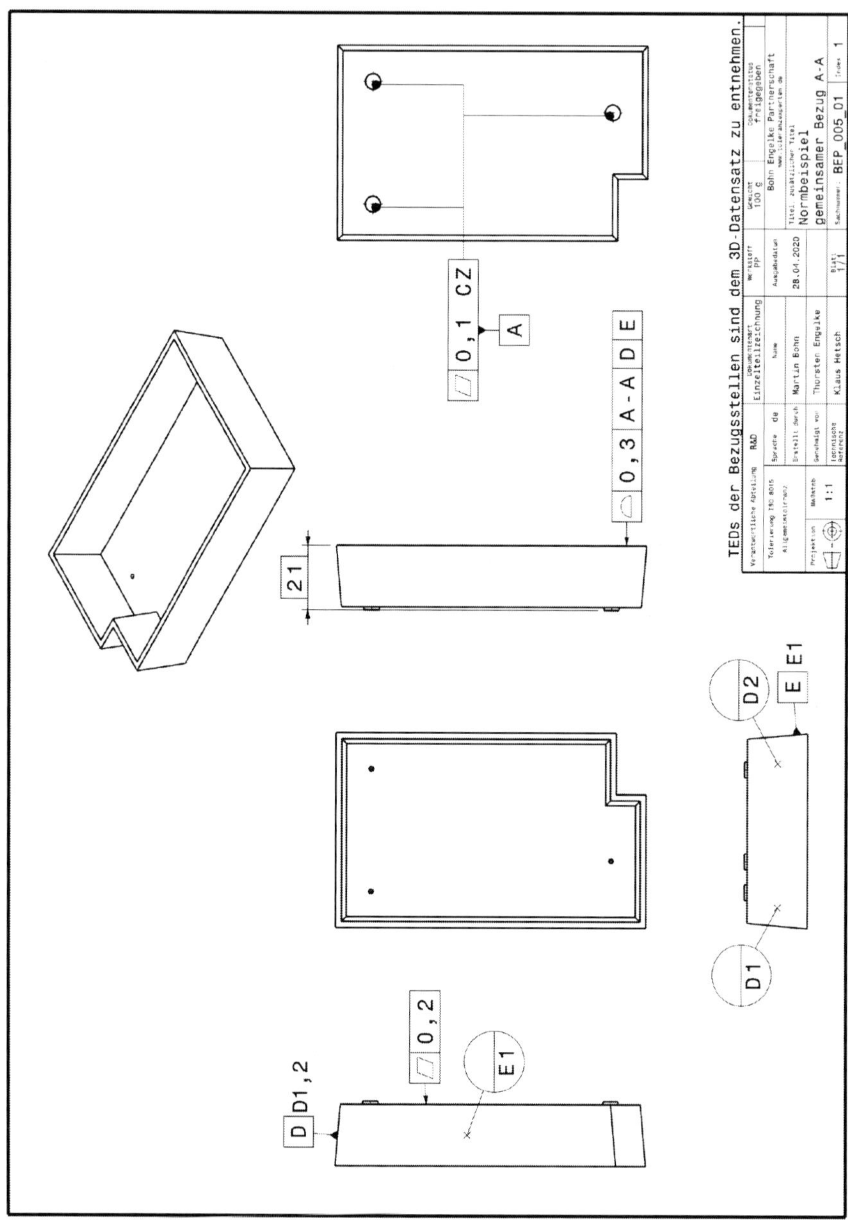

Bild 5.10: Bezugssystem mit einem tolerierten gemeinsamen Bezug

5.3 Nicht formstabile Bauteile

Kunststoff-Formteile decken ein sehr breites Einsatzspektrum ab. Ist auf der Zeichnung nichts Anderslautendes vermerkt, gilt die ISO 8015 *Geometrische Produktspezifikation (GPS) – Grundlagen*. Damit gilt der Grundsatz des starren Werkstücks. Das bedeutet, dass das Bauteil weder durch die Schwerkraft noch durch äußere Lasten verformt wird. Dies trifft jedoch nur auf einen geringen Umfang der Kunststoff-Formteile zu. Daher verweist die DIN ISO 20457 explizit auf die DIN EN ISO 10579 *Geometrische Produktspezifikation (GPS) – Bemaßung und Tolerierung – Nicht-formstabile Teile*. Dies ist die einzige Möglichkeit, ein nicht formstabiles Bauteil zu spezifizieren. Ein Beispiel zeigt Bild 5.11.

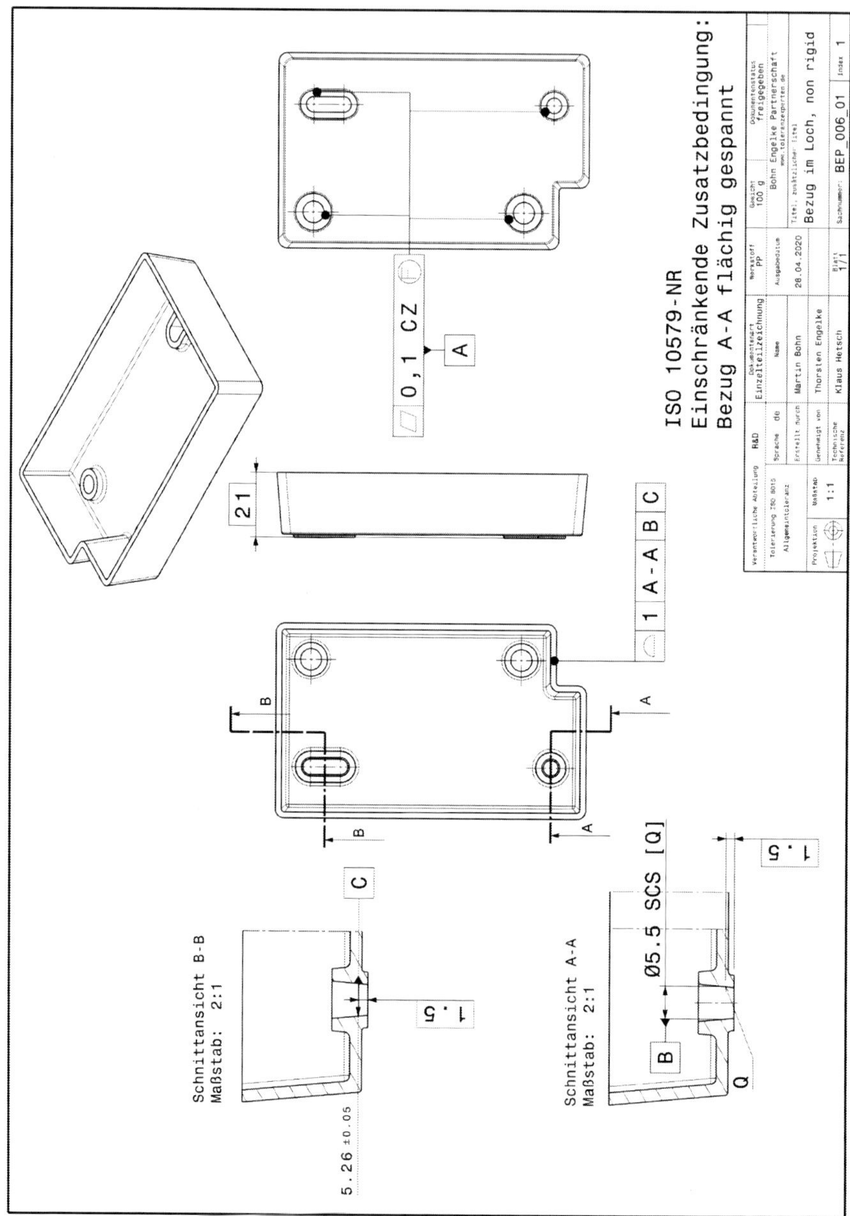

Bild 5.11: Nicht formstabiles Kunststoff-Formteil

In der Nähe des Schriftkopfes ist der Hinweis auf ISO 10579 – NR sowie die einschränkende Zusatzbedingung erforderlich. NR bedeutet in der DIN EN ISO 10579 *non rigid*. Das bedeutet, das Bauteil verformt sich unter Schwerkraft oder äußeren Bedingungen wie beispielsweise dem Anschrauben. Entsprechend der Zeichnungsvorgabe soll das Kunststoff-Formteil an allen vier Anschraubdomen, die den Bezug A-A bilden, auf eine Ebene gespannt werden. Alle Toleranzen ohne den Modifikator Ⓕ gelten im gespannten Zustand. Nur die Ebenheit mit dem Modifikator Ⓕ gilt im freien, nicht gespannten Zustand.

Hinweis

Der Entwickler muss in der Zeichnung festlegen, ob das Kunststoff-Formteil unter Schwerkraft und/oder unter Montagekräften verformt wird. Falls eine Verformung zu erwarten ist, muss dies in der Zeichnung mittels der DIN EN ISO 10579 spezifiziert werden.

6 Tolerierung des Bezugssystems

Aus dem Grundsatz der Funktionsbeherrschung der DIN EN ISO 8015 kann die Tolerierung des Bezugssystems hergeleitet werden. Das Bezugssystem und die dazu erforderlichen Bezüge sollen das Kunststoff-Formteil reproduzierbar und stabil in seiner Lage definieren.

Bei allen Bezügen kann die Form toleriert werden. Nachdem die DIN EN ISO 5459 Nebenbedingungen der Richtung im Bezugssystem für den Sekundär- und Tertiärbezug definiert, kann eine Richtungs- bzw. Ortstoleranz für den Sekundär- und Tertiärbezug sinnvoll sein. Der Bezug B ist der Mittelpunkt eines Kreises. Ein Punkt hat keine Richtung. Daher ist auch keine Richtung toleriert. Der Bezug C ist eine Linie. Dieser kann zum Bezug B toleriert werden. Dies zeigt Bild 6.1.

Bei gemeinsamen Bezügen kann eine Toleranz des Geometrieelements des Einzelbezugs zum gemeinsamen Bezug erforderlich sein.

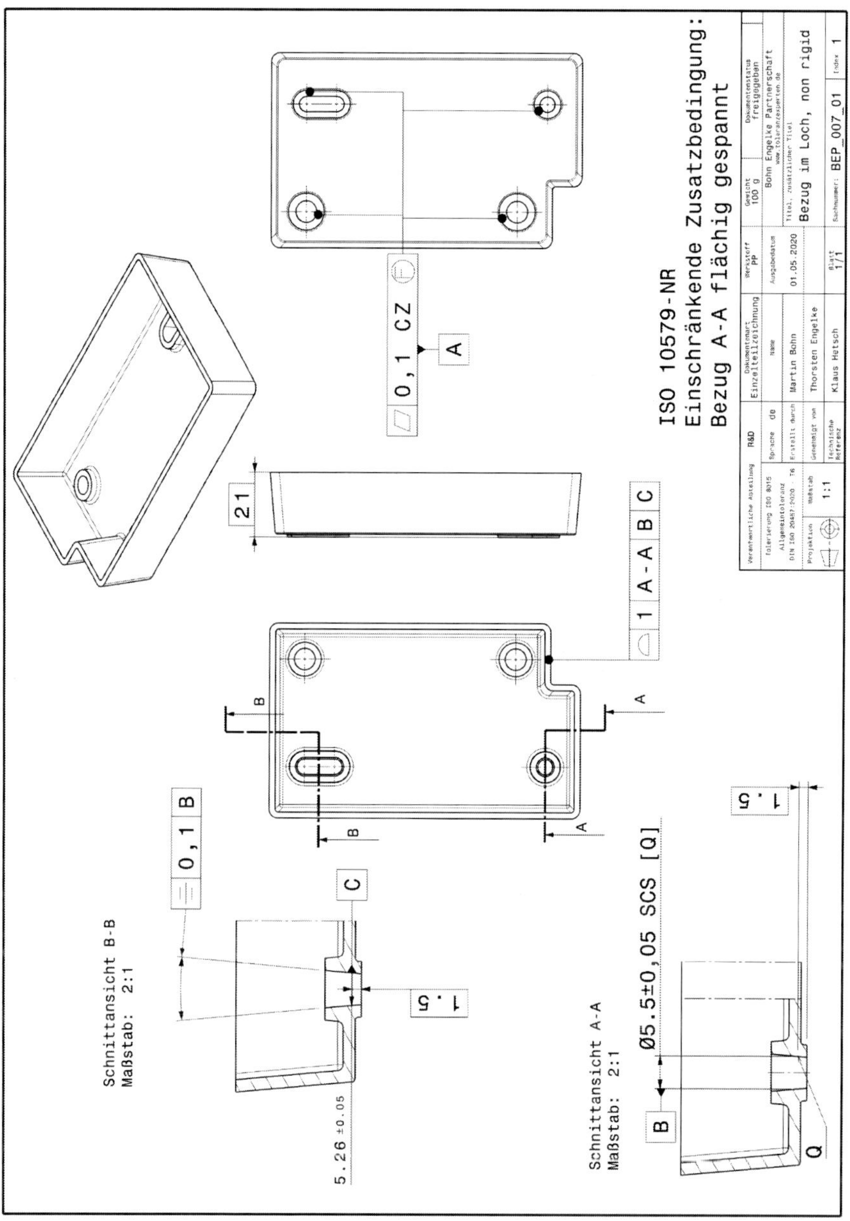

Bild 6.1: Toleriertes Bezugssystem

7 Tolerierung aller Funktionen

Ausgehend von der Funktion sind alle funktionsrelevanten Geometrieelemente laut DIN EN ISO 8015 und DIN ISO 20457 direkt zu tolerieren. Die Toleranzgrenzen werden entsprechend der DIN EN ISO 8015 anhand der Funktion festgelegt. Es gilt immer folgender Grundsatz:

So groß wie möglich und nur so klein wie nötig.

Bei Kunststoff-Formteilen gibt es zwei Besonderheiten:

1) Es kann eine Maßänderung zwischen dem festgelegten Zeitpunkt Messung (16–72 h nach Herstellung) und der Anwendung auftreten. Der Entwickler muss diese Veränderung berücksichtigen. Auf der Zeichnung ist der Toleranzwert zum Zeitpunkt der Messung und nicht der Wert in der Anwendung spezifiziert.
2) Auf der Zeichnung ist die Toleranz bei Normklima 23 °C ± 2 K und einer relativen Luftfeuchtigkeit von 50 % festgelegt. Findet die Funktion unter anderen Bedingungen statt, ist dies durch den Entwickler zu berücksichtigen.

8 Die Norm DIN ISO 20457 *Kunststoff-Formteile – Toleranzen und Abnahmebedingungen*

Bevor auf die Grenzen der direkten Tolerierung und die Allgemeintoleranzen eingegangen werden kann, wird zunächst die entsprechende Norm vorgestellt.

8.1 Allgemeines

Die DIN ISO 20457 gilt für maßliche und geometrische Abweichungen von Kunststoff-Formteilen, die mittels Spritzgießen, Spritzprägen, Spritzpressen, Formpressen oder Rotationsformen von nicht porösen Formteilen aus Thermoplasten, thermoplastischen Elastomeren und Duroplasten hergestellt werden. Nicht behandelt werden Abweichungen der Formteiloberflächenqualität, wie z. B. Einfallstellen, unerwünschte Fließstrukturen und Rauheiten sowie Bindenähte.

Wie bei anderen Allgemeintoleranznormen gilt nach DIN ISO 20457:2020-03, Abschnitt 5.1:

> Sofern nichts anderes festgelegt oder vereinbart ist, dürfen Kunststoff-Formteile, bei denen die Allgemeintoleranzen nicht eingehalten werden, nicht automatisch zurückgewiesen werden, wenn die Funktionalität des Formteils davon nicht beeinträchtigt ist.

8.2 Aufbau der Norm

Die Norm ist, wie im Bild 8.1 gezeigt, gegliedert. Ausgehend von der Begriffsdefinition und einigen generellen Themen wird zunächst die Toleranzgruppe ermittelt. Diese ist die Basis sowohl für die Grenzen der direkten Toleranzen als auch für die Allgemeintoleranzen. Abschließend wird auf die Abnahmebedingungen der Formteilfertigung eingegangen.

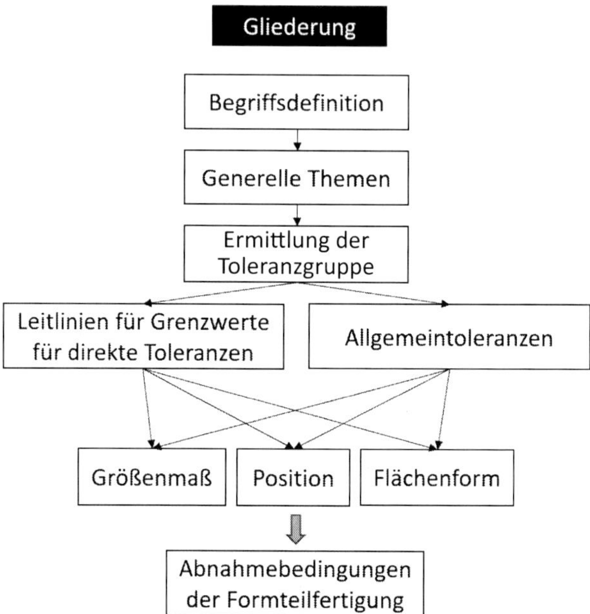

Bild 8.1: Aufbau der Norm

Im Kapitel *Begriffe* (siehe DIN ISO 20457:2020-03, Kapitel 3) wird erstmals in der Normung der Begriff *Allgemeintoleranz* definiert, denn dieser Begriff war bislang in keiner anderen DIN- bzw. ISO-Norm beschrieben. In den anderen Normen, z. B. DIN EN ISO 8015, ist stattdessen die Sprache von der *allgemeinen Spezifikation*.

8.3 Generelle Themen

Die Norm gibt dem Konstrukteur viele Hinweise und Erläuterungen zu kunststoffspezifischen und methodischen Themen. Die folgende Aufzählung fasst die wichtigsten zusammen:

- methodische Themen
  - Funktionen sind direkt zu tolerieren.
  - Es gilt das das Unabhängigkeitsprinzips nach DIN EN ISO 8015.
  - Falls die Hüllbedingung für *alle* Größenmaße gewünscht wird, ist nach DIN EN ISO 14405-1 z. B. *Size ISO 14405* Ⓔ in der Nähe des Schriftfelds anzuordnen. Dies sollte jedoch eine Ausnahme sein.

Besser ist die Verwendung des Modifikators Ⓔ entsprechend der Funktion an der dazu gehörigen Toleranz.

- Falls das Kunststoff-Formteil nicht ideal starr ist, muss *ISO 10579-NR* sowie die *einschränkende Zusatzbedingung* in der Nähe des Schriftfelds angegeben werden.
- Die Toleranzen sind symmetrisch zur Nenngeometrie.

– kunststoffspezifische Themen

- Entformungsschrägen sind im Datensatz bzw. der Zeichnung bereits dargestellt und nicht in der Toleranz enthalten.
- Es gilt das Normklima von 23 °C ± 2 K bei einer relativen Luftfeuchte von 50 % ± 10 % nach DIN EN ISO 291.

8.4 Ermittlung der Toleranzgruppe

Die Toleranzgruppe wird aus der Art des Fertigungsprozesses, den Werkstoffeigenschaften, dem Werkzeug-Know-how, und dem Fertigungsaufwand mittels eines Punkteverfahrens bestimmt. Die Punktebestimmung erfolgt nach der Formel:

$$P_g = P_1 + P_2 + P_3 + P_4 + P_5 \tag{8.1}$$

P_g = Gesamtpunktzahl

P_1 = Fertigungsprozess

P_2 = Formstoffsteifigkeit bzw.Formstoffhärte

P_3 = Verarbeitungsschwindung

P_4 = Berücksichtigung der Schwindungsunterschiede

P_5 = Bewertung des Fertigungsaufwands

Aus der Punktezahl wird die Toleranzgruppe entsprechend der Tabelle 8.1 ermittelt.

Tabelle 8.1: Punktezuordnung der Toleranzgruppe
[siehe DIN ISO 20457:2020-03, Kapitel 7]

TG	TG1	TG2	TG3	TG4	TG5	TG6	TG7	TG8	TG9
P_g	1	2	3	4	5	6	7	8	≥ 9

Es werden im Folgenden die einzelnen Beitragsleister erklärt.

8.4.1 Bewertung des Fertigungsprozesses

Die Art des Fertigungsprozesses hat einen maßgeblichen Einfluss auf die Genauigkeit der Kunststoff-Formteile. Daher werden die Verfahren entsprechend unterschiedlich bewertet.

Tabelle 8.2: Bewertungsmatrix Fertigungsprozess
[siehe DIN ISO 20457:2020-03, Kapitel 7]

Fertigungsprozess	P_1
Spritzgießen, Spritzprägen, Spritzpressen	1
Formpressen, Fließpressen	2

8.4.2 Formstoffsteifigkeit bzw. -härte

Je steifer bzw. je härter der Werkstoff ist, desto besser ist seine Maßhaltigkeit. Diese Werte für den Kurzzeitmodul sind dem Datenblatt des Formmasseherstellers zu entnehmen. Da der E-Modul vom Wassergehalt abhängig sein kann, ist in die Tabelle der Wert „trocken wie geformt“ einzusetzen.

Tabelle 8.3: Bewertungsmatrix Formstoffsteifigkeit bzw. -härte
[siehe DIN ISO 20457:2020-03, Kapitel 7]

E-Modul N/mm²	Shore-D	Shore-A; IRHD	P_2
über 1.200	über 75	–	1
über 30 bis 1.200	über 35 bis 75	–	2
3 bis 30	–	50 bis 90	3
unter 3	–	unter 50	4

8.4.3 Verarbeitungsschwindung

Die Verarbeitungsschwindung ist die relative Differenz zwischen dem Werkzeugkonturmaß bei 23 °C ± 2 K und dem entsprechenden Formteilmaß 16 h bis 24 h nach der Fertigung. Diese ist dem Datenblatt des Formmasseherstellers zu entnehmen oder aus Erfahrungswerten zu ermitteln. Falls der Werkstoff anisotrop ist, muss der höhere Wert genommen werden. Dies ist beispielsweise bei fasergefüllten Werkstoffen der Fall.

Tabelle 8.4: Bewertungsmatrix Verarbeitungsschwindung [siehe DIN ISO 20457:2020-03, Kapitel 7]

Verarbeitungsschwindung (Rechenwert)	P_3
unter 0,5 %	0
0,5 % bis 1 %	1
über 1 % bis 2 %	2
über 2 %	3

8.4.4 Berücksichtigung der geometrie- und verfahrensbedingten Schwindungsunterschiede

Aufgrund der Bauteilgeometrie und verfahrensbedingter Inhomogenitäten wie beispielsweise Faserorientierung schwindet das Kunststoff-Formteil inhomogen. Dies ist der schwierigste Beitragsleister. Um ihn zu beherrschen ist entweder viel Simulations-Know-how incl. Molekül- und/oder Faserorientierung oder der Abgleich mit einem Prototypenwerkzeug erforderlich. Liegt dieses Wissen nicht vor, ist der schlechteste Wert zu wählen.

Tabelle 8.5: Bewertungsmatrix Berücksichtigung der geometrie- und verfahrensbedingten Schwindungsunterschiede [siehe DIN ISO 20457:2020-03, Kapitel 7]

Berücksichtigung der geometrie- und verfahrensbedingten Schwindungsunterschiede	P_4
Genau möglich: Rechenwerte der *VS* sind bekannt (zum Beispiel aus Erfahrungen, systematischen Messungen, Computersimulationen). Schwindungsanisotropie ist bedeutungslos oder kann in der jeweiligen Maßrichtung hinreichend genau berücksichtigt werden. Mögliche Abweichungen vom Rechenwert betragen höchstens ± 10 %.	1
Bedingt genau möglich: Rechenwerte der *VS* sind in Bereichen bis höchstens ± 20 % bekannt.	2
Nur ungenau möglich: Rechenwerte der *VS* sind nur als grobe Richtwertbereiche bekannt. Schwindungsanisotropie kann nicht oder nur ungenügend berücksichtigt werden. Praktische Erfahrungen zum Abschätzen relevanter Rechenwerte sind nicht vorhanden. Mögliche Abweichungen vom Rechenwert liegen über ± 20 %.	3

8.4.5 Bewertung des Fertigungsaufwandes

Dieser Beitragsleister geht direkt in die Kosten ein. Es ist klar: Je höher der Aufwand ist, desto genauer, aber auch teurer wird ein Kunststoff-Formteil. Der Fertigungsaufwand wird durch die schärfste direkt tolerierte Funktion bestimmt. Daher ist dieser Beitragsleister zur Überprüfung der maximal erreichbaren Toleranz bei direkter Tolerierung erforderlich. Für die Allgemeintoleranz gilt lediglich die Normalfertigung ($P_5 = 0$).

Tabelle 8.6: Bewertung des Fertigungsaufwandes
[siehe DIN ISO 20457:2020-03, Kapitel 7]

Toleranzreihen	P_5
Reihe 1 (Normalfertigung) Die Fertigung erfolgt mit Allgemeintoleranzen. Maßhaltigkeitsforderungen, die keinen besonderen Qualitätsschwerpunkt bilden.	0
Reihe 2 (Genaufertigung) Fertigung und Qualitätssicherung sind auf höhere Maßhaltigkeitsforderungen ausgerichtet.	−1
Reihe 3 (Präzisionsfertigung) Vollständige Ausrichtung von Fertigung und Qualitätssicherung auf die sehr hohen Maßhaltigkeitsforderungen.	−2
Reihe 4 (Präzisionssonderfertigung) Wie Reihe 3, aber mit intensivierter Prozessüberwachung.	−3

Beispiele für die Merkmale der verschiedenen Fertigungen siehe DIN ISO 20457:2020-03, Anhang C.

Warnhinweis

Die Bezeichnungen aus Tabelle 8.6 (Normalfertigung – Präzisionssonderfertigung) klingen rein nach dem Aufwand (Werkzeug, Prozess, Qualitätssicherung, Verpackung) den der Fertiger betreiben muss. Die Kriterien sind jedoch auch Formteilkonstruktion und Formmasse. Die bedeutet, dass Kunde und Lieferant gemeinsam die Toleranzklasse beeinflussen.

Hinweis

Es gibt für ein Bauteil generell zwei Toleranzgruppen.

– Allgemeintoleranz: Es darf zur Ermittlung der Toleranzgruppe für den Term *Bewertung des Fertigungsaufwandes* nur die *Normalfertigung* verwendet werden.
– Grenze für direkte Tolerierung: Es darf zur Ermittlung der Toleranzgruppe für den Term *Bewertung des Fertigungsaufwandes* jede Variante gewählt werden.

Auf der Zeichnung ist lediglich der Wert für die Toleranzgruppe der Allgemeintoleranz angegeben.

Die Toleranzgruppe der Grenze für direkte Tolerierung dient der Verhandlung zwischen Kunde und Lieferant, um den Aufwand und die Kosten der direkten Toleranzen abzuschätzen bzw. zu verhandeln.

Noch ein Hinweis für Kunststoff-Formteile aus mehreren Komponenten.

Hinweis

Bei Kunststoff-Formteilen mit mehreren Komponenten ist die Toleranzgruppe je Komponente zu ermitteln. Bei komponentenübergreifenden Maßen ist die größere Toleranzklasse zu wählen.

8.5 Beispiele zur Ermittlung der Toleranzgruppe

Zur Veranschaulichung der Ermittlung der Toleranzgruppe wird diese exemplarisch an zwei Beispielen gezeigt.

Beispiel

Ein Kunststoff-Formteil soll mittels Spritzgießen aus PEEK CF30 hergestellt werden. Erfahrungen mit dem Werkstoff sind nicht vorhanden und es wird auch kein Prototypenwerkzeug erstellt.

Der Beitragsleister P_1 wird entsprechend der Tabelle 8.2 *Bewertungsmatrix Fertigungsprozess* bestimmt.

$P_1 = 1$

Der Beitragsleister P_2 wird entsprechend der Tabelle 8.3 *Bewertungsmatrix Formstoffsteifigkeit bzw. -härte* bestimmt. Dazu ist das Datenblatt des Herstellers erforderlich. Dieses gibt einen Zug-Modul von 23.000 MPa an.

$P_2 = 1$

Der Wert der Verarbeitungsschwindung muss ebenfalls dem Datenblatt entnommen werden. In diesem Fall finden sich zwei Werte:

- Verarbeitungsschwindung, längs zur Fließrichtung 0,1 %
- Verarbeitungsschwindung, quer zur Fließrichtung 0,7 %

Es muss der größere Wert (0,7 %) genommen werden.

Der Beitragsleister P_3 wird nach Tabelle 8.4 *Bewertungsmatrix Verarbeitungsschwindung* festgelegt.

$P_3 = 1$

Da keine Erfahrungen vorhanden sind und auch kein Prototypenwerkzeug erstellt wird, ergibt sich der Beitragsleister P_4 nach Tabelle 8.5 *Berücksichtigung der geometrie- und verfahrensbedingten Schwindungsunterschiede.*

$P_4 = 3$

Für die Bestimmung der Allgemeintoleranz wird die Normalfertigung nach Tabelle 8.6 *Bewertung des Fertigungsaufwandes* herangezogen.

$P_5 = 0$

$P_g = P_1 + P_2 + P_3 + P_4 + P_5 = 1 + 1 + 1 + 3 + 0 = 6$

Somit ergibt sich als Toleranzgruppe die TG6 für die Allgemeintoleranz.

Wird beispielsweise Präzisionssonderfertigung ($P_5 = -3$) unterstellt, ergibt sich die Gesamtpunktzahl P_g folgendermaßen.

$P_g = P_1 + P_2 + P_3 + P_4 + P_5 = 1 + 1 + 1 + 3 - 3 = 3$

Damit gilt TG3 als Grenze der direkten Tolerierung.

Beispiel

Best Case

Ein Kunststoff-Formteil soll mittels Spritzgießen aus PPE GF20 hergestellt werden. Erfahrungen mit dem Werkstoff sind vorhanden und es wird auch ein Prototypenwerkzeug erstellt.

Der Beitragsleister P_1 wird entsprechend der Tabelle 8.2 *Bewertungsmatrix Fertigungsprozess* bestimmt.

$P_1 = 1$

Der Beitragsleister P_2 wird entsprechend der Tabelle 8.3 *Bewertungsmatrix Formstoffsteifigkeit bzw. -härte* bestimmt. Dazu ist das Datenblatt des Herstellers erforderlich. Dieses gibt einen Zug-Modul von 5.900 MPa an.

$P_2 = 1$

Der Wert der Verarbeitungsschwindung muss ebenfalls dem Datenblatt entnommen werden. Im diesem Fall finden sich zwei Werte:

- Verarbeitungsschwindung, parallel 0,23 %
- Verarbeitungsschwindung, senkrecht 0,43 %

Es muss der größere Wert (0,43 %) genommen werden.

Der Beitragsleister P_3 wird nach Tabelle 8.4 *Bewertungsmatrix Verarbeitungsschwindung* festgelegt.

$P_3 = 0$

Da Erfahrungen vorhanden sind und auch ein Prototypenwerkzeug erstellt wird, ergibt sich der Beitragsleister P_4 nach Tabelle 8.5 *Berücksichtigung der geometrie- und verfahrensbedingten Schwindungsunterschiede.*

$P_4 = 1$

Für die Bestimmung der Allgemeintoleranz wird die Normalfertigung nach Tabelle 8.6 *Bewertung des Fertigungsaufwandes* herangezogen.

$P_5 = 0$

$P_g = P_1 + P_2 + P_3 + P_4 + P_5 = 1 + 1 + 0 + 1 + 0 = 3$

Somit ergibt sich als Toleranzgruppe die TG3. Dies ist die kleinstmögliche Allgemeintoleranzgruppe.

Wird auch hier beispielsweise Präzisionssonderfertigung ($P_5 = -3$) unterstellt, ergibt sich die Gesamtpunktzahl P_g folgendermaßen.

$P_g = P_1 + P_2 + P_3 + P_4 + P_5 = 1 + 1 + 0 + 1 - 3 = 0$

Damit ist theoretisch TG0 die Grenze der direkten Tolerierung. Somit ist klar, dass ein zu hoher Aufwand betrieben wurde. Es reicht zum Erreichen der kleinsten Toleranzgruppe TG1 entweder der Aufwand von Präzisionsfertigung, oder es kann beispielsweise auf das Prototypenwerkzeug verzichtet werden.

8.6 Werkzeuggebundene und nicht werkzeuggebundene Maße

Für die Maßhaltigkeit eines Geometrieelements oder einer Kombination von Geometrieelementen spielt es eine große Rolle, ob diese in einem Werkzeugteil oder im Zusammenspiel mehrerer Werkzeugteile entstehen.

Werkzeuggebundene Maße werden nur aus einem Werkzeugteil, beispielsweise einer Werkzeughälfte oder einem Schieber erzeugt. Somit wird abzüglich der Schwindung etc. die Werkzeugkontur direkt abgebildet. Dies zeigt Bild 8.2.

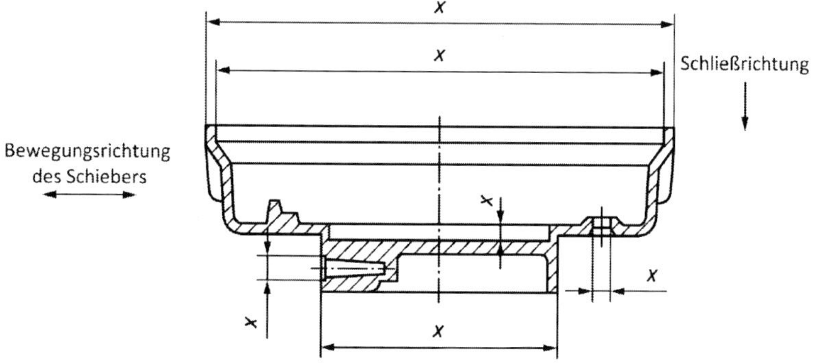

Quelle: DIN ISO 20457

Bild 8.2: Werkzeuggebundene Maße

Die nicht werkzeuggebundenen Maße entstehen aus der Kombination mehrerer Werkzeugteile. Hier kommen noch Verformungen aufgrund des Drucks sowie weitere Lageabweichungen der Werkzeugteile zueinander hinzu. Bild 8.3 zeigt diese Maße.

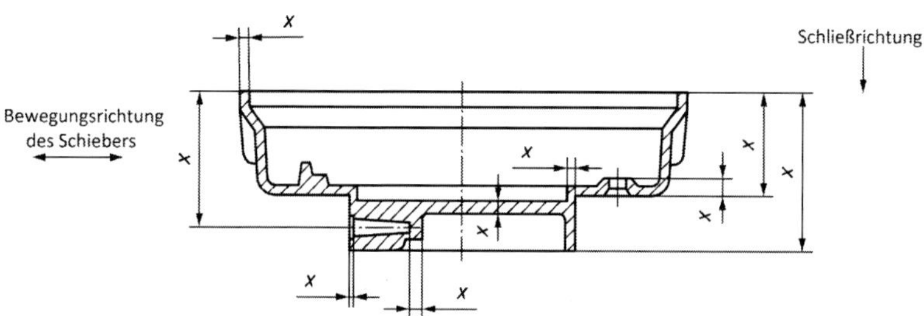

Quelle: DIN ISO 20457

Bild 8.3: Nicht werkzeuggebundene Maße

8.7 Zeichnungseintrag

Für die Anwendung der Norm ist der Eintrag im bzw. am Schriftfeld erforderlich. Die internationale Ausgabe ISO 20457 benennt lediglich die erforderlichen Einträge, die in der DIN ISO 20457 mittels eines nationalen Kommentars präzisiert werden. Dies zeigt Bild 8.4.

optional für nicht-formstabile Teile
ISO 10579-NR
Einschränkende Zusatzbedingung: .....

erforderlich
DIN ISO 20457:
Bezugssystem: | A | B | C |
Verifikationspflichtige Flächen mit Allgemeintoleranz: S
Nicht verifikationspflichtige Flächen mit Allgemeintoleranz:
alle nicht direkt (individuell) tolerierten Flächen

erforderlich
Allgemeintoleranz
DIN ISO 20457:
JJJJ - TG?

Quelle: DIN ISO 20457, Nationaler Anhang

Bild 8.4: Inhalte des Schriftfelds

Das Bezugssystem *A B C* ist nur ein Platzhalter. Es ist durch das korrekte Bezugssystem des Bauteils zu ersetzen. Ebenso ist JJJJ durch das Erscheinungsjahr der verwendeten Auflage zu ersetzen.

8.8 Größenmaßtoleranz

Größenmaße im Sinne der DIN ISO 20457 sind ausschließlich *lineare* Größenmaße. Beispiele für lineare Größenmaße sind:

- Durchmesser eines Kreises oder Zylinders
- zwei parallele gegenüberliegende Ebenen
- zwei gegenüberliegende Geraden
- zwei konzentrische Zylinder
- zwei konzentrische Kreise

Die DIN ISO 20457 beeinflusst nicht den Tolerierungsgrundsatz. Standardmäßig gilt nach DIN EN ISO 8015 das Unabhängigkeitsprinzip. Wird die Hüllbedingung gefordert, muss in der Nähe des Schriftfelds Size ISO 14405 Ⓔ angegeben werden. Dies gilt dann auch für die Allgemeintoleranzen der Größenmaße.

Die Allgemeintoleranzen für Größenmaße gelten nur für in der Zeichnung explizit gezeichnete Maße, die keine direkte Größenmaßtoleranz besitzen. Im Gegenzug heißt das:

Kein gezeichnetes Maß, keine Allgemeintoleranz

Auch die in der Praxis gern verwendeten Hinweise, wie beispielsweise „nicht gezeichnete Maße siehe Datensatz“, berechtigen nicht zur Anwendung der Allgemeintoleranz für Größenmaße.

Bei Kunststoff-Formteilen mit mehreren Komponenten gilt bei komponentenübergreifenden Maßen die Toleranzgruppe der ungenaueren Komponente.

Das Bild 8.5 zeigt einen Ausschnitt der symmetrischen Grenzabmaße für Größenmaßelemente aus der DIN ISO 20457:2020-03, Tabelle 2.

Hinweis

In der Tabelle aus Bild 8.5 gibt es je eine Zeile für die werkzeuggebundenen Maße (W) und die nicht werkzeuggebundenen Maße (NW). Für die Allgemeintoleranzen gilt immer nur die Zeile der **nicht** werkzeuggebundenen Maße. Die Zeile der werkzeuggebundenen Maße findet nur bei der Ermittlung der Grenzen der direkten Toleranzen Verwendung.

Bei zwei parallelen Ebenen gilt für die Tabelle aus Bild 8.5 folgende Regel:

- bei direkt gegenüberliegenden Flächen ist das Grenzabmaß der Abstand
- bei zueinander versetzt angeordneten Flächen ist das Grenzabmaß das D_p-Maß

Maße in Millimeter

Toleranzgrad		Grenzabmaße (GA) für Nenngrößenmaßbereiche												
		1 bis 3	> 3 bis 6	> 6 bis 10	> 10 bis 18	> 18 bis 30	> 30 bis 50	> 50 bis 80	> 80 bis 120	> 120 bis 180	> 180 bis 250	> 250 bis 315	> 315 bis 400	> 400 bis 500
TG1	W	± 0,007	± 0,012	± 0,018	± 0,022	± 0,026	± 0,031	± 0,037	± 0,044	-	-	-	-	-
	NW	± 0,012	± 0,018	± 0,022	± 0,026	± 0,031	± 0,037	± 0,044	± 0,055	-	-	-	-	-
TG2	W	± 0,013	± 0,019	± 0,029	± 0,035	± 0,042	± 0,050	± 0,060	± 0,090	± 0,13	± 0,15	± 0,16	± 0,18	± 0,20
	NW	± 0,019	± 0.029	± 0,035	± 0,042	± 0,050	± 0,060	± 0,090	± 0,13	± 0,15	± 0,16	± 0,18	± 0,20	± 0,22
TG3	W	± 0,020	± 0,030	± 0,05	± 0,06	± 0,07	± 0,08	± 0,10	± 0,15	± 0,20	± 0,23	± 0,26	± 0,29	± 0,32
	NW	± 0,030	± 0,050	± 0,06	± 0,07	± 0,08	± 0,10	± 0,15	± 0,20	± 0,23	± 0,26	± 0,29	± 0,32	± 0,35
TG4	W	± 0,03	± 0,05	± 0,08	± 0,09	± 0,11	± 0,13	± 0,15	± 0,23	± 0,32	± 0,35	± 0,41	± 0,45	± 0,49
	NW	± 0,05	± 0,08	± 0,09	± 0,11	± 0,13	± 0,15	± 0,23	± 0,32	± 0,35	± 0,41	± 0,45	± 0,49	± 0,55
TG5	W	± 0,05	± 0,08	± 0,11	± 0,14	± 0,17	± 0,20	± 0,23	± 0,36	± 0,50	± 0,58	± 0,65	± 0,70	± 0,78
	NW	± 0,08	± 0,11	± 0,14	± 0,17	± 0,20	± 0,23	± 0,36	± 0,50	± 0,58	± 0,65	± 0,70	± 0,78	± 0,88
TG6	W	± 0,07	± 0,12	± 0,18	± 0,22	± 0,26	± 0,31	± 0,37	± 0,57	± 0,80	± 0,93	± 1,05	± 1,15	± 1,25
	NW	± 0,12	± 0,18	± 0,22	± 0,26	± 0,31	± 0,37	± 0,57	± 0,80	± 0,93	± 1,05	± 1,15	± 1,25	± 1,40
TG7	W	± 0,13	± 0,20	± 0,29	± 0,35	± 0,42	± 0,50	± 0,60	± 0,90	± 1,25	± 1,45	± 1,60	± 1,80	± 2,00
	NW	± 0,20	± 0,29	± 0,35	± 0,42	± 0,50	± 0,60	± 0,90	± 1,25	± 1,45	± 1,60	± 1,80	± 2,00	± 2,20
TG8	W	± 0,20	± 0,30	± 0,45	± 0,55	± 0,65	± 0,80	± 0,95	± 1,40	± 2,00	± 2,30	± 2,60	± 2,85	± 3,15
	NW	± 0,30	± 0,45	± 0,55	± 0,65	± 0,80	± 0,95	± 1,40	± 2,00	± 2,30	± 2,60	± 2,85	± 3,15	± 3,50

Quelle: DIN ISO 20457:2020-03, Tabelle 2

Bild 8.5: Kunststoff-Formteiltoleranzen als symmetrische Grenzabmaße für Größenmaßelemente

8.8.1 Beispiele

Das Bild 8.6 zeigt ein Beispielbauteil. In der Schnittansicht A-A sind einige Löcher bemaßt. Genauer gesagt ist der kleinste Durchmesser bemaßt. Das Loch mit dem Durchmesser 5,3 mm ist eines von vier identischen Löchern. Auf der Zeichnung sind nur zwei bemaßt. Auf diese gilt die Allgemeintoleranz, auf die anderen gilt keine Allgemeintoleranz! Die Allgemeintoleranz bei dem Toleranzgrad TG6 und nicht werkzeuggebunden hat nach Bild 8.5 den Wert ± 0,18 mm.

Analoges gilt für die größeren Löcher (∅ 20 mm) in der Mitte. Für das bemaßte Loch gilt wieder die Allgemeintoleranz bei einem Toleranzgrad TG6, nicht werkzeuggebunden, mit einem Werk von ± 0,31 mm. Das andere Loch ist nicht bemaßt, und entsprechend gilt auch keine Allgemeintoleranz.

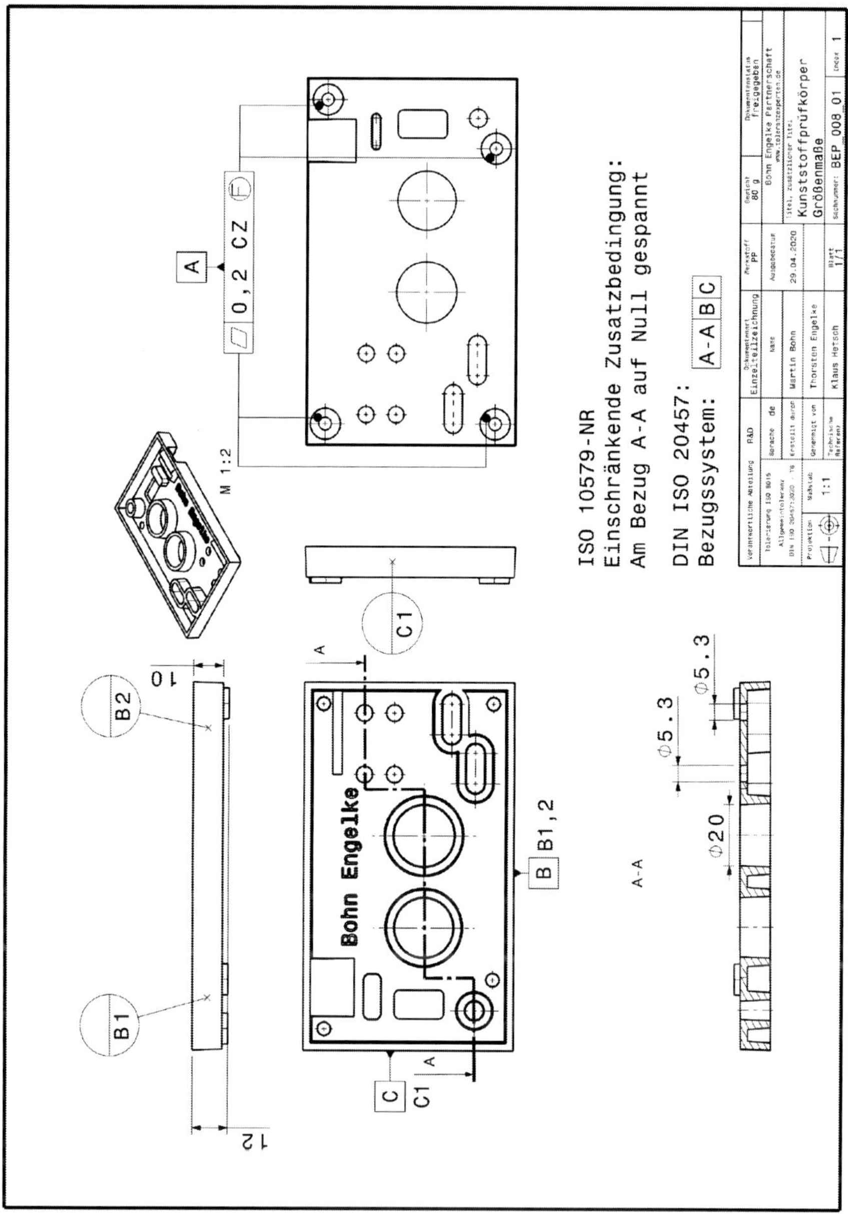

Bild 8.6: Beispiel für Größenmaße

In der Seitenansicht (Bild 8.6) ist der Abstand der zusammenhängenden Randfläche zum Boden ohne die Dome mit 10 mm bemaßt. Somit gilt hier die Allgemeintoleranz. Die Flächen sind jedoch aufgrund der Entformungsschrägen nicht direkt gegenüberliegend. Daher darf nicht der Wert von 10 mm für die Ermittlung nach Bild 8.5 verwendet werden. Es ist das D_p-Maß (vgl. Kapitel 8.9.1 Bezugssystem und D_p-Maß) zu verwenden. Dies zeigt Bild 8.7.

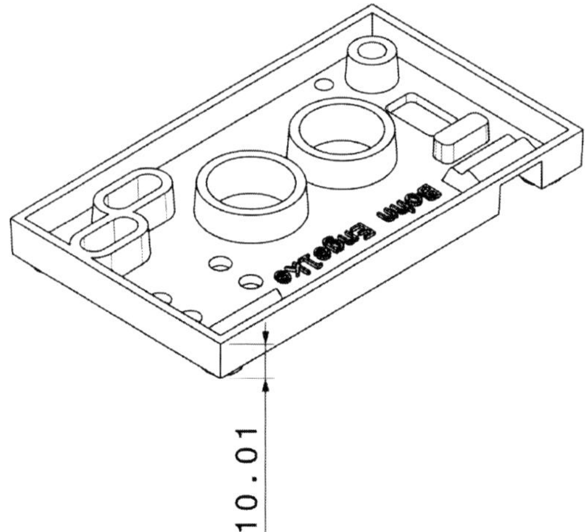

Bild 8.7: D_p-Maß für den Abstand 10 mm

Die Maßveränderung aufgrund der Entformungsschräge ist minimal und hat nur in den Grenzbereichen der Tabelle einen Einfluss. In diesem Fall darf nicht die Spalte > 6 bis 10 nach Bild 8.5 verwendet werden, sondern es muss die Spalte > 10 bis 18 gewählt werden. Die Allgemeintoleranz bei dem Toleranzgrad TG6 und nicht werkzeuggebunden hat nach Bild 8.5 den Wert ± 0,26 mm.

In der Seitenansicht (Bild 8.6) ist die Höhe mit 12 mm bemaßt. Somit gilt die Allgemeintoleranz für den Abstand der vier Dome unten zu der zusammenhängenden Randfläche oben. Hier ist die untere Fläche genauer zu betrachten. Das Maß 12 mm ist an alle vier Dome angezeichnet. Somit ist die an allen Domen anliegende Ebene (Gauß mit Nebenbedingung außerhalb des Materials) die Basis. Im nächsten Schritt ist das D_p-Maß zu bestimmen.

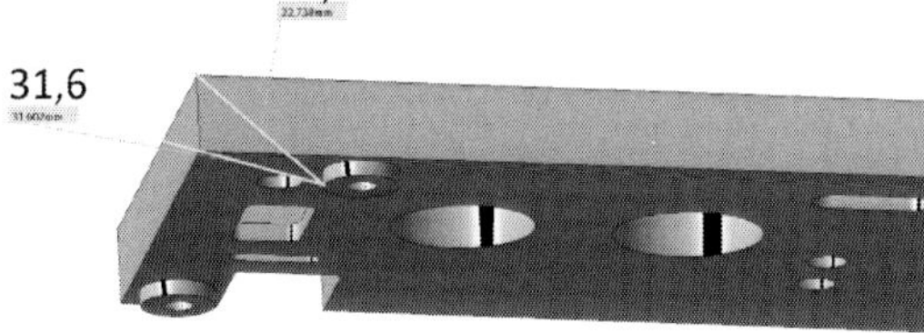

Bild 8.8: D_p-Maß für den Abstand 12 mm

Leider definiert die DIN ISO 20457 nicht, wie in diesem Fall das D_p-Maß zu ermitteln ist. Im Bild 8.8 wurde das D_p-Maß ausgehend von der realen (integralen) Geometrie gebildet. Der Abstand zur Ecke (22,7 mm) ist nicht das größte Abstandsmaß, sondern das Maß 31,6 mm. Wenn der Messpunkt weiter nach hinten verschoben wird, springt der Startpunkt auf den hinteren Dom. Alternativ wäre es auch möglich von einer theoretischen Fläche, die durch die vier Dome begrenzt ist, aus zu messen. In diesem Fall ist das D_p-Maß kleiner. Aufgrund dieser Unklarheit ist eine direkte Tolerierung vorzuziehen.

Warnhinweis

Die Bemaßung 12 mm startet vom Bezug *A-A*. Somit könnte auch eine Positionstoleranz angenommen werden. Die DIN ISO 20457 schränkt die Positionstoleranz nicht explizit auf Zylinder und Kegel ein. Dies kann lediglich aus der Form der Toleranzzone (zylindrisch) geschlossen werden.

8.9 Lagetoleranzen

Um Lagetoleranzen definieren zu können, ist ein Bezugssystem erforderlich. Dieses ist auf der Zeichnung in der Nähe des Schriftfelds anzugeben.

8.9.1 Bezugssystem und D_p-Maß

Kunststoff-Formteile unterliegen der Schwindung, schwankenden Prozessparametern und schwankenden Materialeigenschaften. Daher ist es naheliegend eine Korrelation zwischen einem Maß und der dazugehörigen Toleranz festzulegen. Das heißt, je größer das Maß, desto größer die Toleranz. Für Maße war dies schon so in der DIN ISO 2768 oder auch in der alten DIN 16901 *Kunststoff-Formteile, Toleranzen und Abnahmebedingungen für Längenmaße* definiert. Dieser Zusammenhang wurde nun erst mal in der GPS-Normung auf Ortstoleranzen, im speziellen auf Positionstoleranzen, angewendet.

Für das Loch ∅ 4 mm aus Bild 8.9 gelten die Allgemeintoleranzen für Größenmaße und Positionstoleranz.

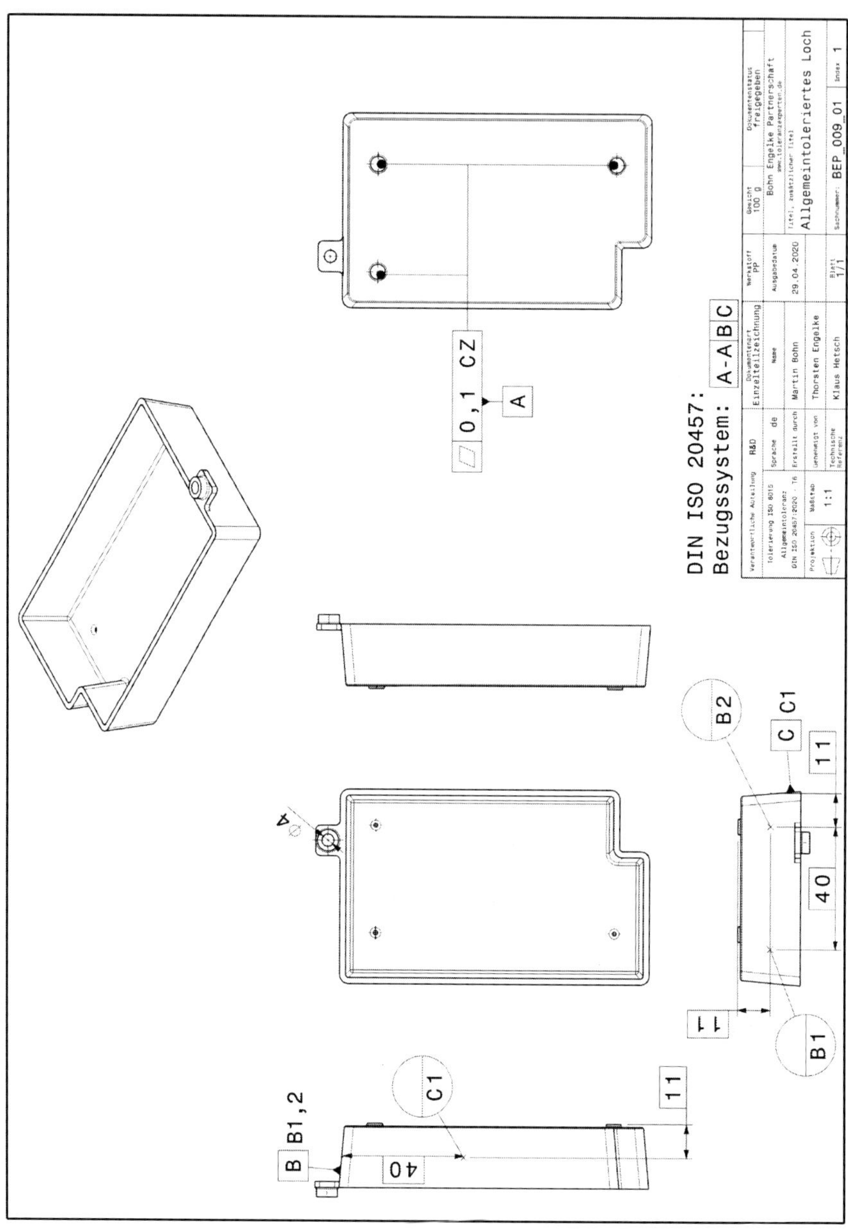

Bild 8.9: Allgemeintoleranz am Loch

Für die Positionstoleranz ist das Abstandmaß (D_p) zwischen dem Ursprung des Bezugssystems und dem weitest entfernten Teil des tolerierten Geometrieelements zu ermitteln. Ein Ursprung des Bezugssystems ist in den GPS-Normen nicht definiert. Die DIN ISO 20457 geht davon aus, dass Bezugsebenen gebildet werden können. Im Bild 8.10 sind diese Ebenen sowie die Komponenten des D_p-Maßes dargestellt.

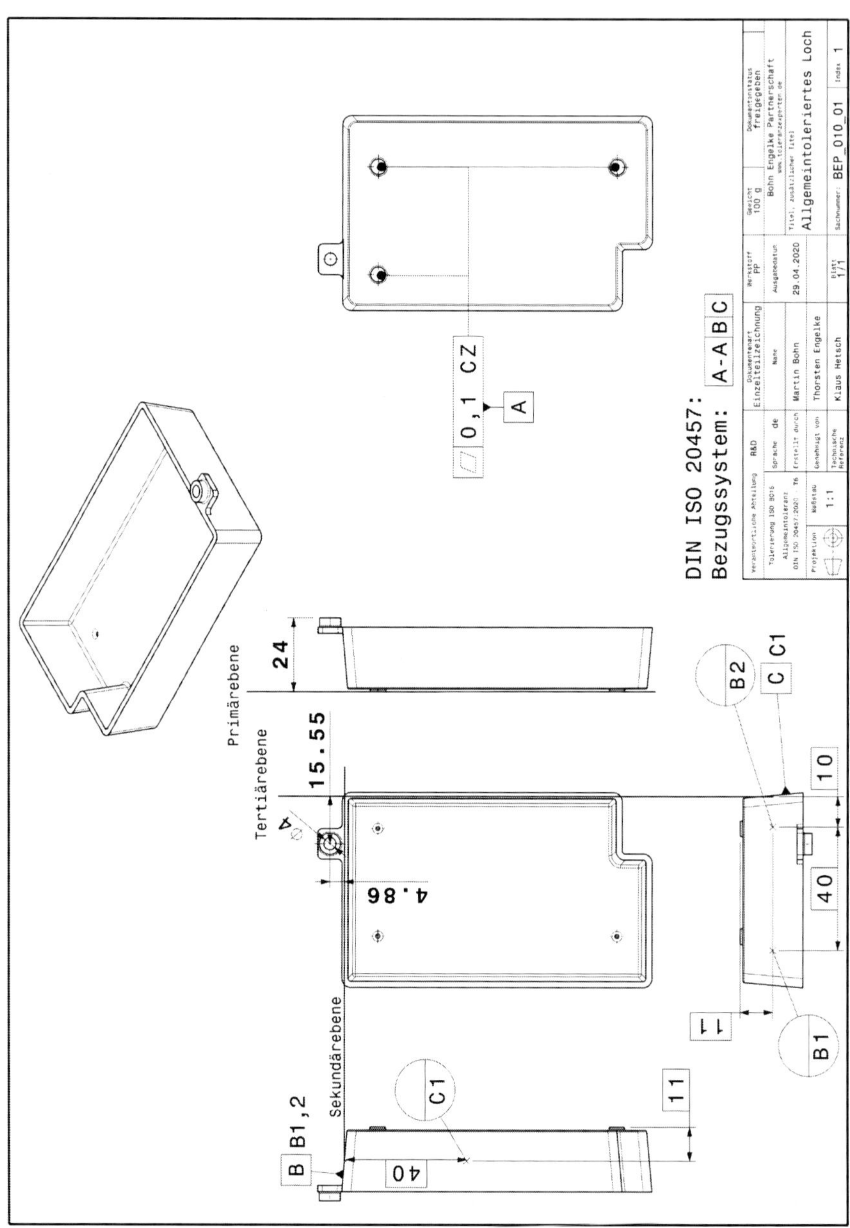

Bild 8.10: Bezugsebenen und Komponenten des D_p-Maßes

Die drei Dome bilden den gemeinsamen Bezug *A-A*. Dieser ist die Primärebene. Der Bezug *B* wird aus den Bezugsstellen *B1* und *B2* gebildet. Die Sekundärebene geht durch die beiden Bezugsstellen und steht senkrecht auf dem Bezug *A-A*. Dies ist der Nebenbedingung der Richtung im Bezugssystem geschuldet. Der Bezug *C* wird aus der Bezugsstelle *C1* gebildet. Die Tertiärebene geht durch die Bezugsstelle *C1* und steht senkrecht auf den Bezügen *A-A* sowie *B*. Dies ist ebenfalls der Nebenbedingung der Richtung im Bezugssystem geschuldet. Der Ursprung des Bezugssystems ist der Schnittpunkt der drei Ebenen.

Das D_p-Maß ist die Raumdiagonale und ergibt sich in diesem Fall folgendermaßen.

$$D_p = \sqrt{24^2 + 4{,}86^2 + 15{,}55^2} \approx 29 \qquad (8.2)$$

Der Abstand kann auch im 3D-Datensatz gemessen werden. Es muss nur sichergestellt sein, dass der *größte* Abstand gemessen wird.

Leider sind in der Praxis die Bezugssysteme nicht immer so einfach aufgebaut. Das Bild 8.11 zeigt ein typisches Kunststoff-Formteil mit einer Loch-/Langloch-Ausrichtung.

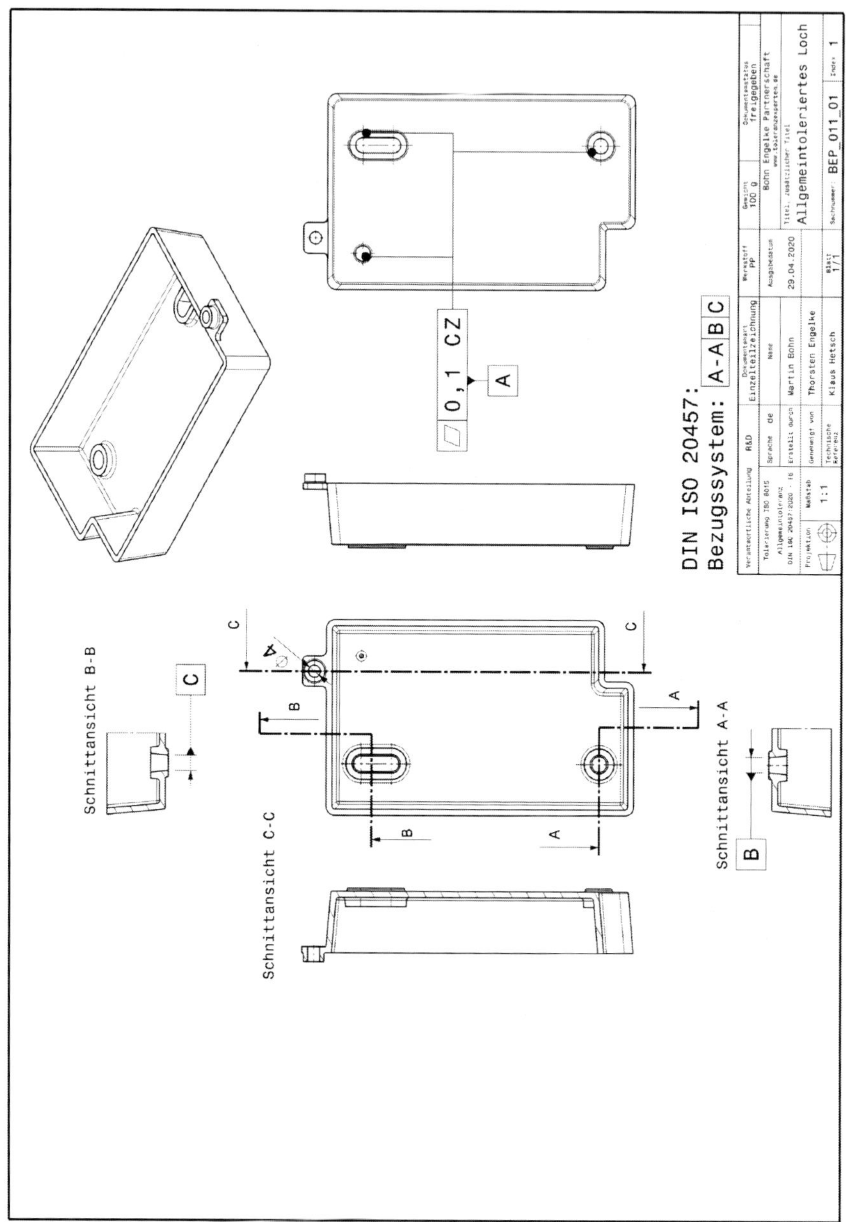

Bild 8.11: Allgemeintoleranz am Loch bei Loch-/Langloch-Ausrichtung

Das Bezugssystem besteht somit aus der Ebene *A-A*, der Achse *B* und einer weiteren Ebene *C*. Um den Ursprung des Bezugssystems zu bestimmen, gibt es zwei Möglichkeiten.

1) Der Bezug *A-A* schränkt die Ebene ein. Der Bezug *B* stellt die Drehachse dar, und der Bezug *C* ist der Rotationsstopp. Somit wird eine Mischform aus kartesischem und polarem Koordinatensystem gebildet. Der Ursprung ist der Schnittpunkt der Bezugsebene *A-A* mit der Achse des Bezugs *B*.

2) In der Praxis werden oft ausschließlich kartesische Koordinatensysteme verwendet. Daher ergibt sich eine abweichende Betrachtungsweise, die im Ergebnis zum gleichen Ursprung führt. Diese Betrachtungsweise mit den dazugehörigen Ebenen zeigt Bild 8.12.

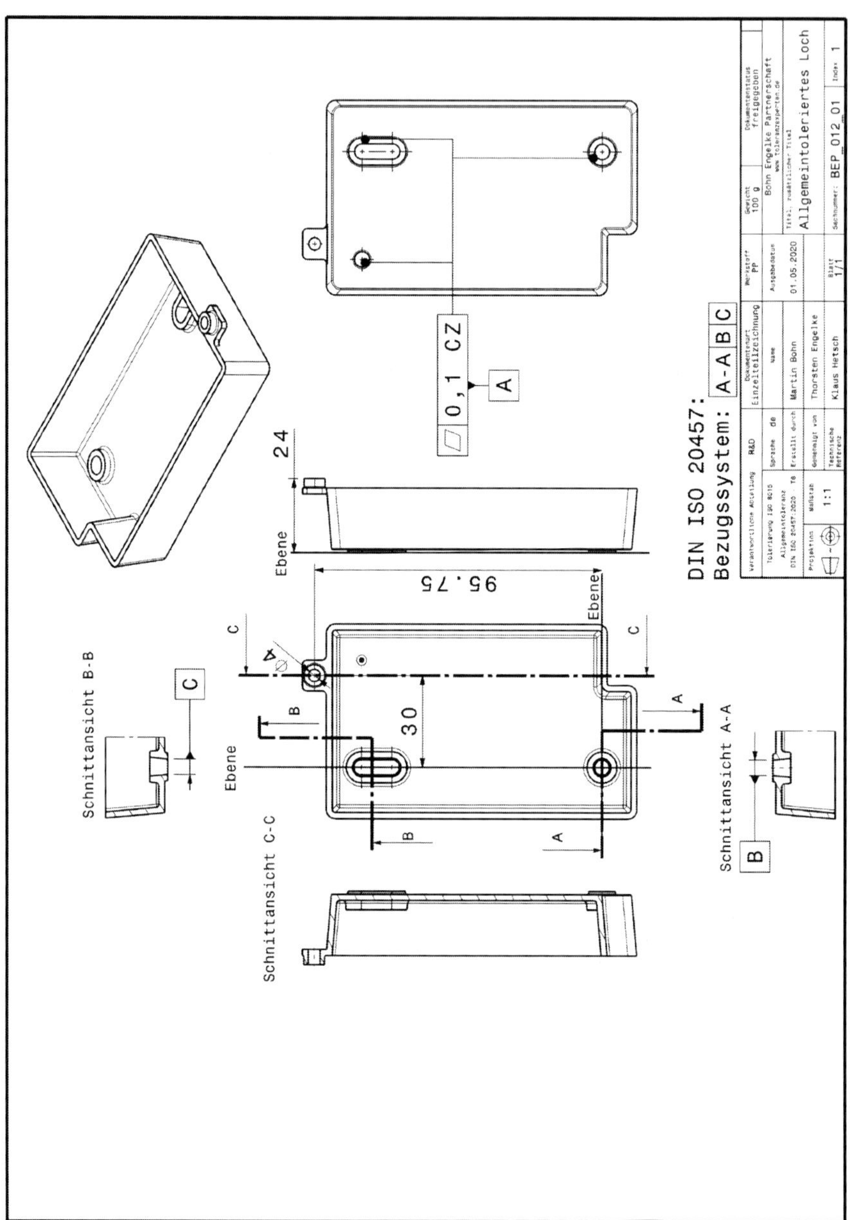

Bild 8.12: Bezugsebenen und Komponenten des D_p-Maßes Loch-/Langloch-Ausrichtung

Die drei Dome bilden den gemeinsamen Bezug *A-A*. Dies ist die erste Ebene. Die zweite Ebene beinhaltet unter Beachtung der Nebenbedingung der Richtung die Achse des Bezugs *B* und die Bezugsebene *C*. Die dritte Ebene beinhaltet die Achse des Bezugs *B* und steht senkrecht zu den beiden anderen Ebenen. Somit ist auch hier der Ursprung des Bezugssystems der Schnittpunkt der Bezugsebene *A-A* mit der Achse des Bezugs *B*.

Das D_p-Maß ist in diesem Beispiel: $D_p = \sqrt{24^2 + 95{,}75^2 + 30^2} \approx 103{,}2$

8.9.2 Positionstoleranz

Allgemeintoleranzen für Positionen gelten nur für **bemaßte** Größenmaßelemente. In der DIN ISO 20457 ist nicht näher spezifiziert was *bemaßt* bedeutet. Das Bild 8.13 zeigt zwei Alternativen.

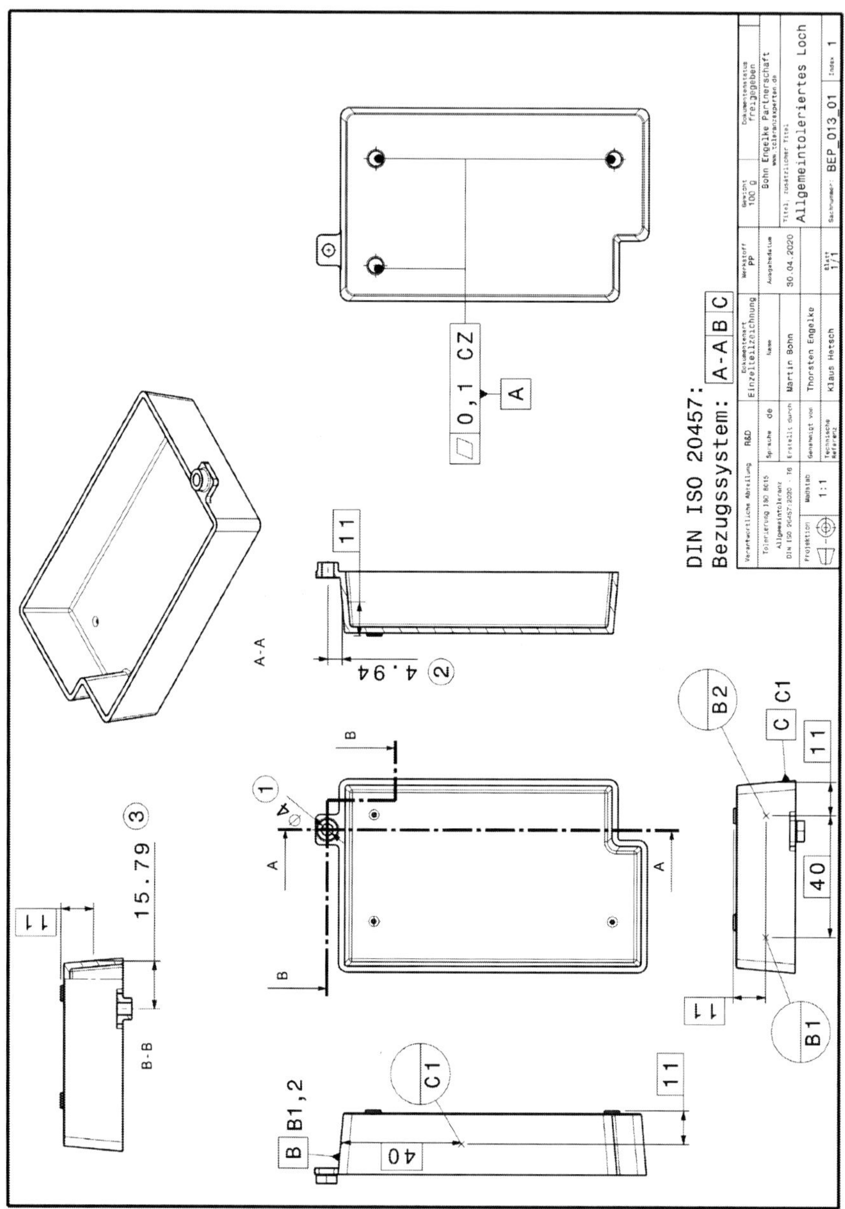

Bild 8.13: Bemaßungsalternativen bei einer Positionstoleranz

Aus dem Abschnitt 5.3 der DIN ISO 20457 kann die mit ① gekennzeichnete Variante zum Thema „bemaßte Größenmaßelemente“ hergeleitet werden.

Allgemeintoleranzen für Größenmaße gelten nur für in der Zeichnung explizit gezeichnete Maße, die ohne direkte Toleranzen (individuelle Toleranzen) dargestellt werden. Allgemeintoleranzen für Positionen gelten nur für bemaßte Größenmaßelemente in Verbindung mit dem Hauptbezugssystem.

Hier ist das Größenmaß *Durchmesser* mit 4 mm bemaßt.

Alternativ kann aus dem Text die Bemaßung der Achse des Zylinders zum Bezugssystem interpretiert werden. Dies ist in Bild 8.13 mit den Bemaßungen ② und ③ dargestellt. Die Bemaßung ② gibt den Abstand zum Bezug *B* an. Zur Verdeutlichung ist das theoretisch exakte Maß *11* angegeben. Für die Bemaßung ③ gilt das Gleiche zum Bezug *C*.

Für die Positionstoleranz wird das am Schriftfeld spezifizierte Hauptbezugssystem verwendet.

Bei Positionstoleranzen als Allgemeintoleranzen werden im Gegensatz zu den Größenmaßen sowohl werkzeuggebundene als auch nicht werkzeuggebundene Maße verwendet.

Die Tabelle in Bild 8.14 zeigt die Positionstoleranzen nach DIN ISO 20457:2020-03, Tabelle 9.

Maße in Millimeter

Toleranzgruppe		Durchmesser der zylindrischen Toleranzzonen für die D_P-Nennmaßbereiche															
		1 bis 3	> 3 bis 6	> 6 bis 10	> 10 bis 18	> 18 bis 30	> 30 bis 50	> 50 bis 80	> 80 bis 120	> 120 bis 180	> 180 bis 250	> 250 bis 315	> 315 bis 400	> 400 bis 500	> 500 bis 630	> 630 bis 800	> 800 bis 1 000
TG1	W	Ø 0,020	Ø 0,034	Ø 0,050	Ø 0,062	Ø 0,073	Ø 0,087	Ø 0,104	Ø 0,123	—	—	—	—	—	—	—	—
	NW	Ø 0,034	Ø 0,050	Ø 0,062	Ø 0,073	Ø 0,087	Ø 0,104	Ø 0,123	Ø 0,154	—	—	—	—	—	—	—	—
TG2	W	Ø 0,036	Ø 0,053	Ø 0,081	Ø 0,098	Ø 0,118	Ø 0,140	Ø 0,168	Ø 0,252	Ø 0,364	Ø 0,420	Ø 0,448	Ø 0,504	Ø 0,560	—	—	—
	NW	Ø 0,053	Ø 0,081	Ø 0,098	Ø 0,118	Ø 0,140	Ø 0,168	Ø 0,252	Ø 0,364	Ø 0,420	Ø 0,448	Ø 0,504	Ø 0,560	Ø 0,616	—	—	—
TG3	W	Ø 0,056	Ø 0,084	Ø 0,140	Ø 0,168	Ø 0,196	Ø 0,224	Ø 0,280	Ø 0,420	Ø 0,560	Ø 0,644	Ø 0,728	Ø 0,812	Ø 0,896	Ø 0,980	Ø 1,12	Ø 1,26
	NW	Ø 0,084	Ø 0,140	Ø 0,168	Ø 0,196	Ø 0,224	Ø 0,280	Ø 0,420	Ø 0,560	Ø 0,644	Ø 0,728	Ø 0,812	Ø 0,896	Ø 0,980	Ø 1,12	Ø 1,26	Ø 1,48
TG4	W	Ø 0,084	Ø 0,140	Ø 0,224	Ø 0,252	Ø 0,308	Ø 0,364	Ø 0,420	Ø 0,644	Ø 0,869[N6)]	Ø 0,980	Ø 1,15	Ø 1,26	Ø 1,37	Ø 1,54	Ø 1,76	Ø 1,96
	NW	Ø 0,140	Ø 0,224	Ø 0,252	Ø 0,308	Ø 0,364	Ø 0,420	Ø 0,644	Ø 0,896	Ø 0,980	Ø 1,15	Ø 1,26	Ø 1,37	Ø 1,54	Ø 1,76	Ø 1,96	Ø 2,32
TG5	W	Ø 0,140	Ø 0,224	Ø 0,308	Ø 0,392	Ø 0,476	Ø 0,560	Ø 0,644	Ø 1,01	Ø 1,40	Ø 1,62	Ø 1,82	Ø 1,96	Ø 2,18	Ø 2,46	Ø 2,80	Ø 3,22
	NW	Ø 0,224	Ø 0,308	Ø 0,392	Ø 0,476	Ø 0,560	Ø 0,644	Ø 1,01	Ø 1,40	Ø 1,62	Ø 1,82	Ø 1,96	Ø 2,18	Ø 2,46	Ø 2,80	Ø 3,22	Ø 3,64
TG6	W	Ø 0,196	Ø 0,336	Ø 0,504	Ø 0,616	Ø 0,728	Ø 0,868	Ø 1,04	Ø 1,60	Ø 2,24	Ø 2,60	Ø 2,94	Ø 3,22	Ø 3,50	Ø 3,92	Ø 4,48	Ø 5,04
	NW	Ø 0,336	Ø 0,504	Ø 0,616	Ø 0,728	Ø 0,868	Ø 1,04	Ø 1,60	Ø 2,24	Ø 2,60	Ø 2,94	Ø 3,22	Ø 3,50	Ø 3,92	Ø 4,48	Ø 5,04	Ø 5,88
TG7	W	Ø 0,364	Ø 0,560	Ø 0,812	Ø 0,980	Ø 1,18	Ø 1,40	Ø 1,68	Ø 2,52	Ø 3,50	Ø 4,06	Ø 4,48	Ø 5,04	Ø 5,60	Ø 6,16	Ø 7,00	Ø 7,84
	NW	Ø 0,560	Ø 0,812	Ø 0,980	Ø 1,18	Ø 1,40	Ø 1,68	Ø 2,52	Ø 3,50	Ø 4,06	Ø 4,48	Ø 5,04	Ø 5,60	Ø 6,16	Ø 7,00	Ø 7,84	Ø 9,24
TG8	W	Ø 0,560	Ø 0,840	Ø 1,26	Ø 1,54	Ø 1,82	Ø 2,24	Ø 2,66	Ø 3,92	Ø 5,60	Ø 6,44	Ø 7,28	Ø 7,98	Ø 8,82	Ø 9,80	Ø 11,20	Ø 12,60
	NW	Ø 0,840	Ø 1,26	Ø 1,54	Ø 1,82	Ø 2,24	Ø 2,66	Ø 3,92	Ø 5,60	Ø 6,44	Ø 7,28	Ø 7,98	Ø 8,82	Ø 9,80	Ø 11,20	Ø 12,60	Ø 14,84
TG9		Ø 1,34	Ø 2,10	Ø 2,52	Ø 2,94	Ø 3,50	Ø 4,20	Ø 6,30	Ø 8,82	Ø 10,08	Ø 11,34	Ø 12,46	Ø 13,72	Ø 15,12	Ø 17,36	Ø 19,88	Ø 23,80

Quelle: DIN ISO 20457:2020-03, Tabelle 9

Bild 8.14: Kunststoff-Formteiltoleranzen für Positionstoleranzen

Warnhinweis

In der Spalte > 120 bis 180 mm steht in der Zeile TG4 W die Anmerkung **N6)**. Hier ist der Toleranzwert geändert worden:

ISO 20457: 0,869

DIN ISO 20457: 0,896

Hinweis

In der Norm ist nicht beschrieben, auf welche Geometrieelemente die Positionstoleranz angewendet werden kann. Generell wäre die Positionstoleranz auf Ebenen, geraden Linien und Punkten anwendbar. Die Tabellenüberschrift *Durchmesser der zylindrischen Toleranzzonen für die* D_p*-Nennmaßbereiche* bestimmt durch die Form der Toleranzzone, dass die Positionstoleranz nur auf Linien, d. h. Zylinder- und Kegelachsen, angewendet werden kann.

Hinweis

Im Gegensatz zur Größenmaßtoleranz werden für die Allgemeintoleranz sowohl werkzeuggebundene als auch nicht werkzeuggebundene Maße berücksichtigt.

8.9.2.1 Beispiele

Die Allgemeintoleranz des mit ∅ 4 mm bemaßten Lochs aus dem Beispiel von Bild 8.9 wird wie folgt ermittelt:

- Toleranzgruppe aus Bild 8.9: TG6
- D_p-Maß mit den Werten aus Bild 8.10: $D_p = \sqrt{24^2 + 4{,}86^2 + 15{,}55^2} \approx 29$
- Zylinder ist in Schließrichtung des Werkzeugs → werkzeuggebundenes Maß
- Allgemeintoleranz aus Bild 8.14: ∅ 0,728 mm

Für das ähnliche Kunststoff-Formteil aus Bild 8.11 wird sie Allgemeintoleranz des mit ∅ 4 mm bemaßten Lochs wie folgt ermittelt:

- Toleranzgruppe aus Bild 8.11: TG6
- D_p-Maß mit den Werten aus Bild 8.12: $D_p = \sqrt{24^2 + 95{,}75^2 + 30^2} \approx 103$

- Zylinder ist in Schließrichtung des Werkzeugs → werkzeuggebundenes Maß
- Allgemeintoleranz aus Bild 8.14: ∅ 1,60 mm

Die Kunststoff-Formteile aus Bild 8.9 und Bild 8.11 unterscheiden sich im Wesentlichem durch das Bezugssystem. Dies hat große Auswirkungen auf den Wert der Allgemeintoleranz.

8.9.3 Profilform

Die Tabelle aus Bild 8.15 liefert die Werte für die Allgemeintoleranz von Flächenprofilen entsprechend der DIN ISO 20457:2020-03, Tabelle 10. Für die Anwendung sollte die Bedingung $P_2 = 1$, d. h. E-Modul > 1.200 N/mm^2 bzw. Shore-D > 75 sowie $P_3 + P_4 \leq 3$ erfüllt sein. Weiter gehen die Toleranzgruppen nicht in die Werte ein.

Nennmaß D_P	≤ 30	> 30 bis 100	> 100 bis 250	> 250 bis 400	> 400 bis 1 000
Toleranzwert t	0,5	1	2	4	6

Quelle: DIN ISO 20457:2020-03, Tabelle 10

Bild 8.15: Allgemeintoleranzen für Flächenprofiltoleranzen

Hinweis

Die Anforderung $P_3 + P_4 \leq 3$ stellt insbesondere bei faserverstärkten Kunststoffen eine hohe Hürde dar. Bei diesen Kunststoffen müssen die geometrie- und verfahrensbedingten Schwindungsunterschiede relativ genau bekannt sein. Dazu muss die Faserorientierung bekannt sein. Allerdings steht in der Norm das Wort *sollte*, somit ist das keine harte Forderung.

Die Anwendung der Allgemeintoleranz Flächenprofil unterscheidet sich zwischen den Normen DIN 16742, ISO 20457 und DIN ISO 20457. Den Vergleich zeigt Bild 8.16.

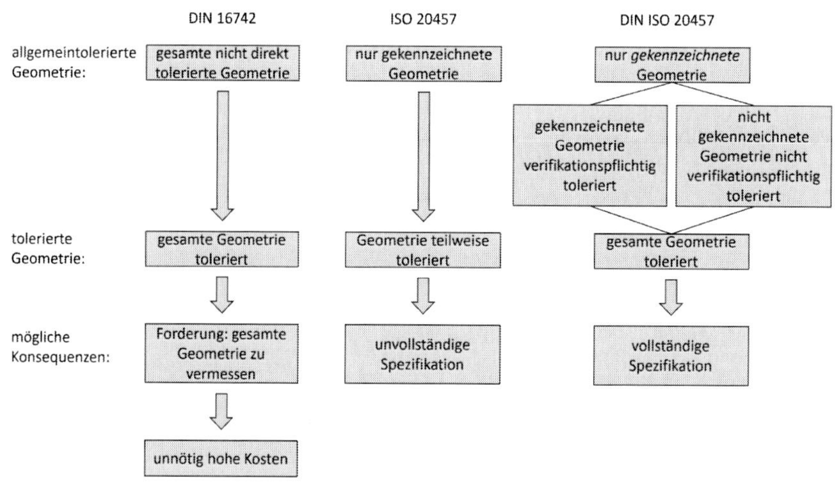

Bild 8.16: Toleriertes Geometrieelement beim Flächenprofil im Vergleich der Normen

Bei Verwendung der DIN 16742 ist die gesamte nicht direkt tolerierte Geometrie durch die Allgemeintoleranz beschrieben. Das Bauteil ist somit vollständig spezifiziert. Für die Verifikation (Messung) z. B. bei der Bemusterung gibt es jedoch keine generelle Regel, welche Geometrieelemente zu messen sind. Da die Allgemeintoleranzen nur für nicht funktionsrelevante Geometrien anzuwenden sind, würde eine Vermessung aller Geometrieelemente zu unnötig hohen Kosten führen. Aus diesem Grund wurde die ISO 20457 anders spezifiziert.

Nach ISO 20457 gilt die Allgemeintoleranz für Flächenprofile nur für gekennzeichnete Geometrie. Wie die Geometrie gekennzeichnet werden soll, ist nicht näher beschrieben. Eine Anwendung zeigt Bild 8.17. Die Spezifikation ist einerseits nicht vollständig, da nicht alle Flächen beschrieben sind. Andererseits verursacht die Kennzeichnung mittels des Buchstabens *S* Aufwand.

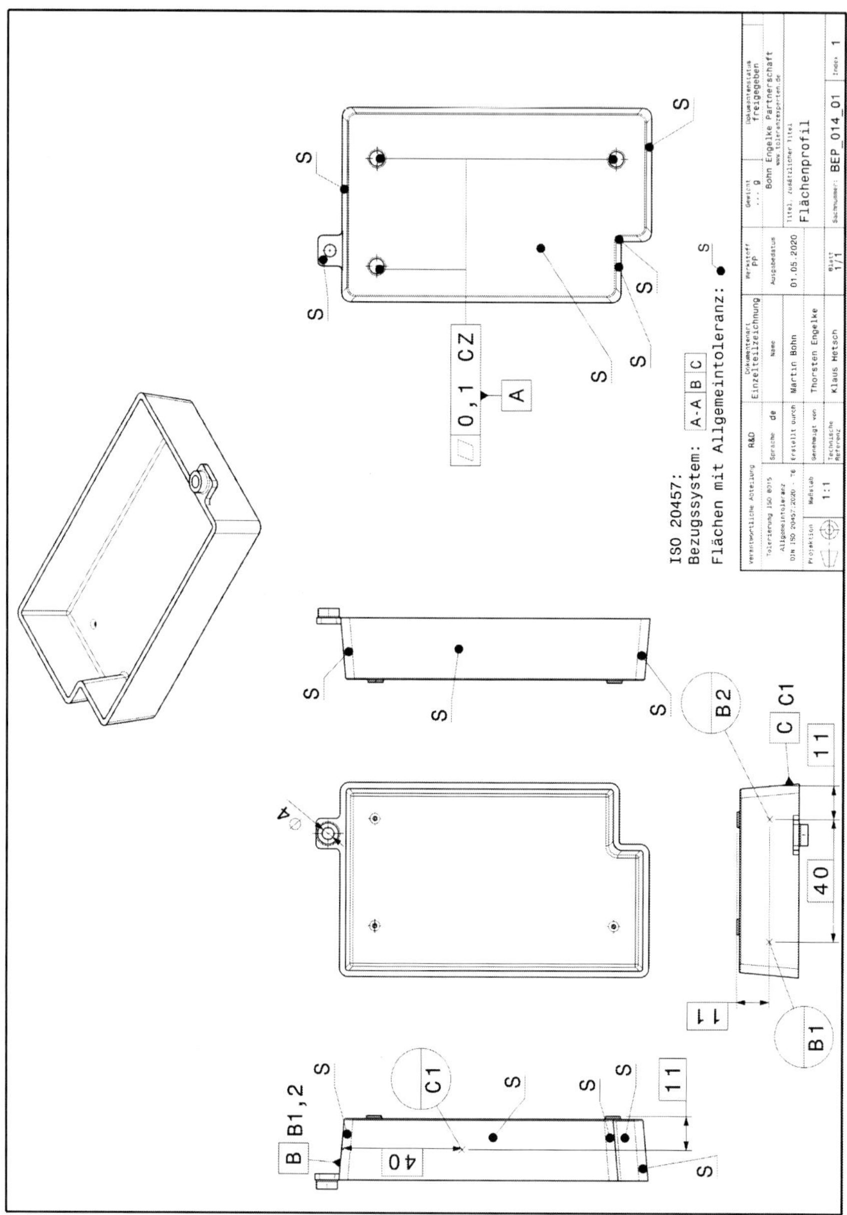

Bild 8.17: Kennzeichnung Flächenprofil nach ISO 20457

Eine Reduzierung des zeichnungstechnischen Aufwands durch die Tolerierung aller Flächen als Flächenprofil analog Bild 8.18: Gesamte Oberfläche als Flächenprofil nach ISO 20457 ist nicht zielführend, da dann die gleichen Probleme mit der eventuell erforderlichen Messung aller Flächen bei der Bemusterung entsprechend der DIN 16742 auftreten.

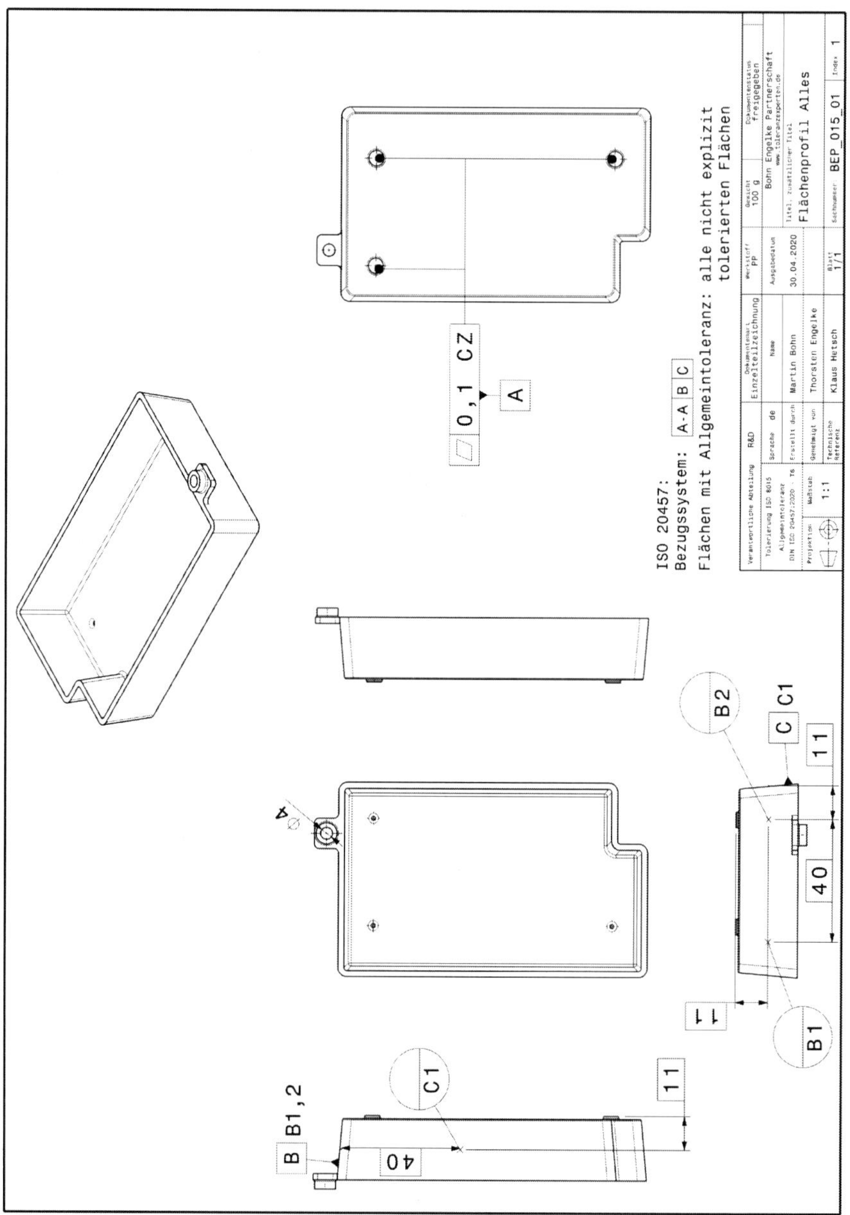

Bild 8.18: Gesamte Oberfläche als Flächenprofil nach ISO 20457

Daher erfolgt entsprechend des nationalen Kommentars die Aufteilung der Flächen in verifikationspflichtige und nicht verifikationspflichtige, allgemein tolerierte Flächen in der DIN ISO 20457. Bild 8.19 zeigt die Anwendung unter Verwendung der Eintragung am Schriftfeld analog Bild 8.4.

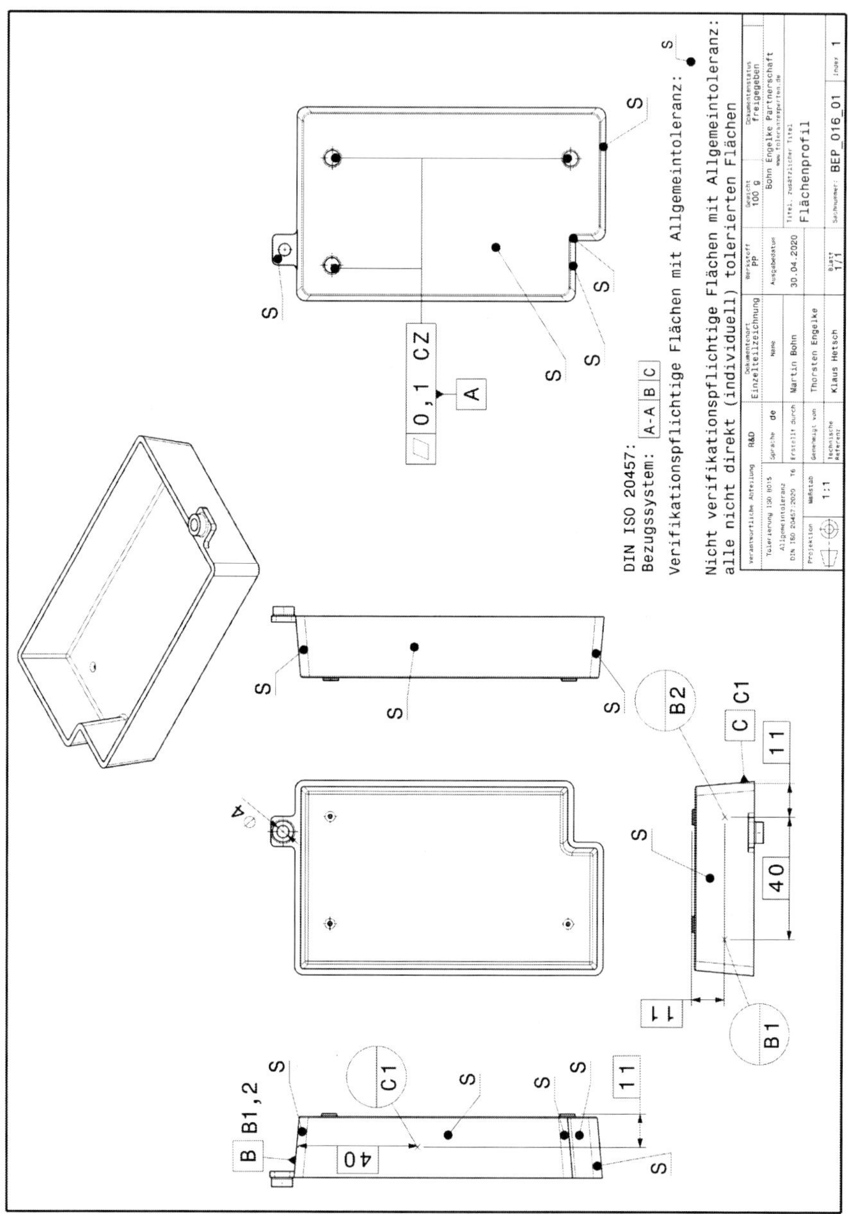

Bild 8.19: Flächenprofil als Allgemeintoleranz nach DIN ISO 20457

8.10 Sonstige Einschränkungen für Geometrieelemente

Im Folgenden werden Einschränkungen und Vorgehensweisen zu bestimmten Geometrieelementen nach DIN ISO 20457 aufgeführt.

8.10.1 Kreissegment bzw. Radius

Zur Spezifikation muss mindestens 90° des Kreissegments als messbare Kontur vorhanden sein. Dann kann bei Bemaßung die Allgemeintoleranz von Größenmaßen angewendet werden.

8.10.2 Entformungsschrägen

Entformungsschrägen müssen Bestandteil des CAD-Datensatzes sein und werden somit nicht gesondert betrachtet. Die DIN ISO 20457 scheibt Folgendes vor:

> In der Spezifikation müssen für Funktionsmaße an geeigneten Flächen Messpunkte festgelegt werden, um vergleichbare Messergebnisse zu ermöglichen.

Entsprechend des Grundsatzes der Dualität aus der DIN EN ISO 8015 muss dies nicht auf der Zeichnung erfolgen, sondern kann auch in einer Messspezifikation stehen.

8.10.3 Trenngrat

Anforderungen bzw. Einschränkungen an den Trenngrat sind in der DIN ISO 20457 nicht festgelegt.

8.10.4 Werkzeugversatz

Wenn dies eingeschränkt werden soll, ist ein Größenmaß in der Zeichnung darzustellen.

8.10.5 Winkel

Winkel unterliegen keiner Allgemeintoleranz.

9 Überprüfung der direkten Tolerierung

Die direkten Toleranzen bestimmen den Fertigungsaufwand. Daher werden alle Toleranzen daraufhin überprüft, welche Toleranzgruppe erforderlich wäre. Das Bild 9.1 zeigt das direkt tolerierte Kunststoff-Formteil.

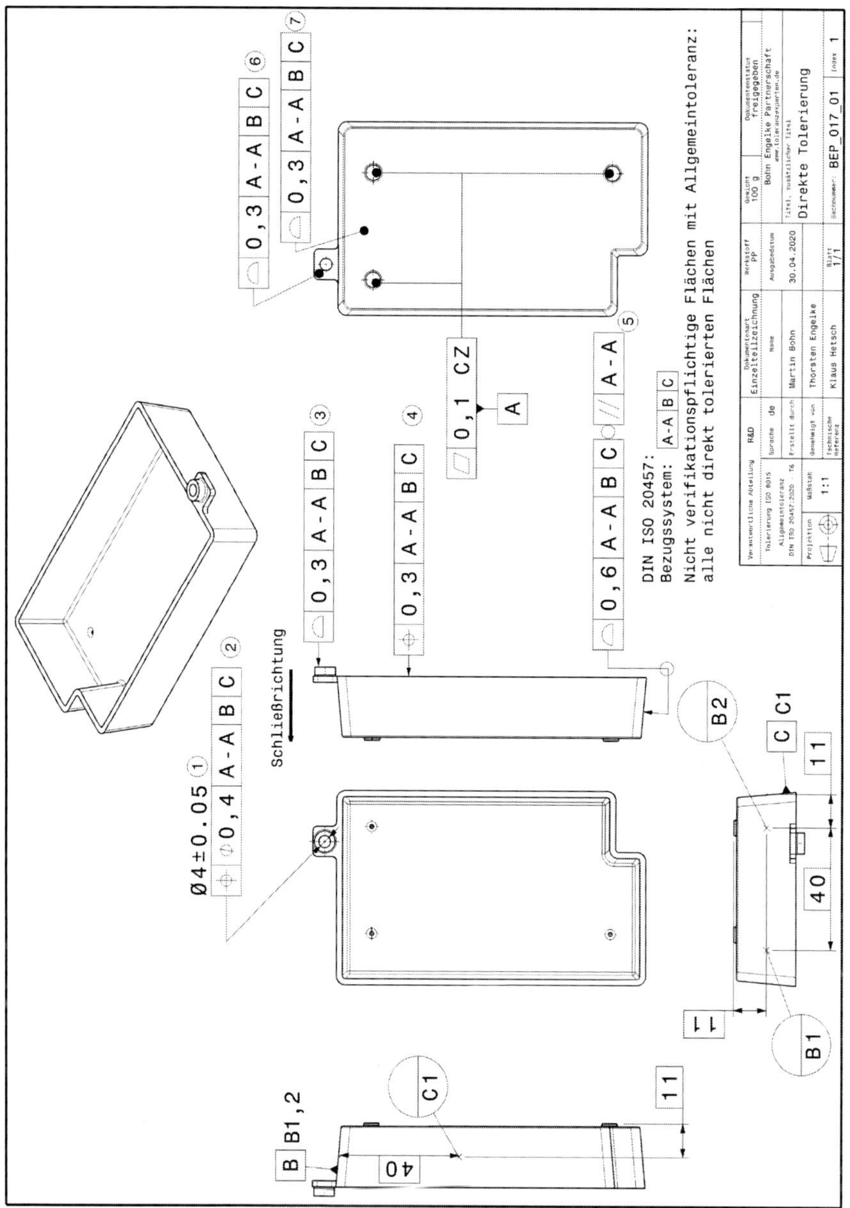

Bild 9.1: Direkt toleriertes Kunststoff-Formteil

Im Folgenden werden die mit ① bis ⑦ gekennzeichneten Toleranzen untersucht.

Die Toleranz ① ist ein Größenmaß an einem zylindrischen Loch. Dieses ist werkzeuggebunden. Laut der Tabelle aus Bild 8.5 ist TG4 erforderlich.

Die nicht werkzeuggebundene Positionstoleranz ② mit dem D_p-Maß von 29 mm aus Bild 8.10 erfordert TG5.

Das Flächenprofil ③ mit dem D_p-Maß von ca. 31 mm müsste nach der Tabelle Bild 8.15 eine Toleranz von 1 mm haben. Ein Rückschluss auf die Toleranzgruppe ist mit dieser Tabelle nicht möglich. Einen Anhaltspunkt dafür liefert stattdessen eine Betrachtung als Größenmaß. Dieses ist nicht werkzeuggebunden. Laut der Tabelle aus Bild 8.5 ist TG4 erforderlich.

Die nicht werkzeuggebundene Positionstoleranz ④ mit dem D_p-Maß ca. 125 mm ist gleich zu betrachten wie das Flächenprofil ③, da auf ebenen Flächen Flächenprofil und Positionstoleranz von der Bedeutung hier identisch sind. Es ergibt sich TG2.

Bei dem *Rundum*-Flächenprofil ⑤ ist die kritischste Fläche diejenige mit dem größten Abstand zum Ursprung des Bezugssystems. Dies ist die gegenüberliegende Verrundung. Das D_p-Maß entspricht dem der Positionstoleranz ④. Eine analoge Betrachtung wie bei ④ ist nicht möglich, da es kein Größenmaß gibt. Es werden dennoch ähnliche Herausforderungen wie bei ④ auftreten. Es ist weniger kritisch, da die gesamte Geometrie von ⑤ werkzeuggebunden ist.

Die Flächenprofile ⑥ und ⑦ brauchen nicht näher betrachtet zu werden, da die D_p-Maße kleiner sind als bei ③ und ④.

Das Kunststoff-Formteil hat eine Allgemeintoleranz von TG6. Durch eine Erhöhung des Fertigungsaufwands nach Tabelle 8.6 lässt bei höchstem Aufwand einer Präzisionssonderfertigung lediglich eine Verringerung um 3 Toleranzgruppen zu. Dies bedeutet die maximal erreichbare Toleranzgruppen ist TG3 und nicht TG2, wie erforderlich.

Das Bild 9.2 zeigt für den Lieferanten das Kunststoff-Formteils die notwendige Vorgehensweise bei Nichterreichung der erforderlichen TG auf.

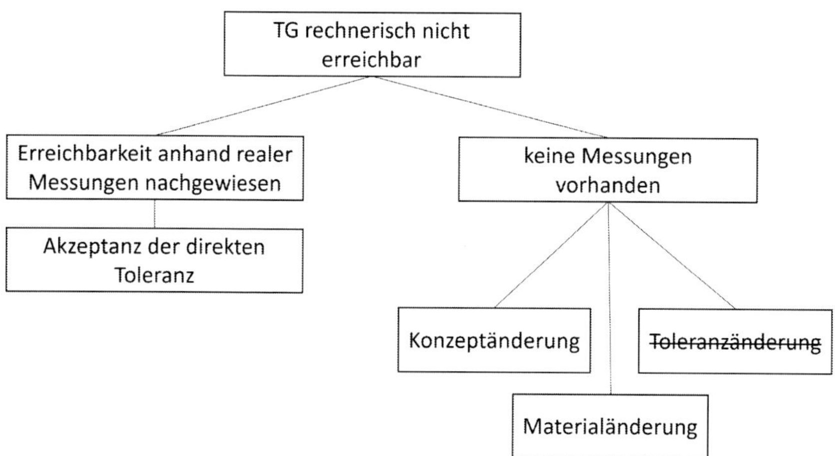

Bild 9.2: Vorgehensweise bei Nichterreichung der erforderlichen TG

Wenn bereits von ähnlichen Kunststoff-Formteilen Messungen vorliegen, die eine Erreichbarkeit der direkten Toleranz belegen, kann diese akzeptiert werden. Existiert dieser Nachweis nicht, kann nur über eine Konzept- und/oder Materialänderung diskutiert werden. Eine alleinige Toleranzänderung ist nach DIN EN ISO 8015 nicht möglich, da dies zu einem Funktionsversagen führt.

10 Abnahmebedingungen der Formteilfertigung

Sofern auf der Zeichnung kein *Alternate Default* nach DIN EN ISO 8015 festgelegt ist, gilt die DIN EN ISO 291. Diese legt für nicht-tropische Klimaten die Abnahmebedingungen von 23 °C ± 2 K bei einer relativen Luftfeuchtigkeit von 50 % fest. Die Vermessung darf nur im Zeitfenster von 16 bis 72 h nach der Herstellung erfolgen.

11 Unterschiede zu Bauteilen aus metallischen Werkstoffen

Bei Kunststoff-Formteilen wird traditionell mit den Maßbezugsebenen für Anwendung und Fertigung gearbeitet. Dies zeigt das Bild 11.1 in Anlehnung an die DIN ISO 20457.

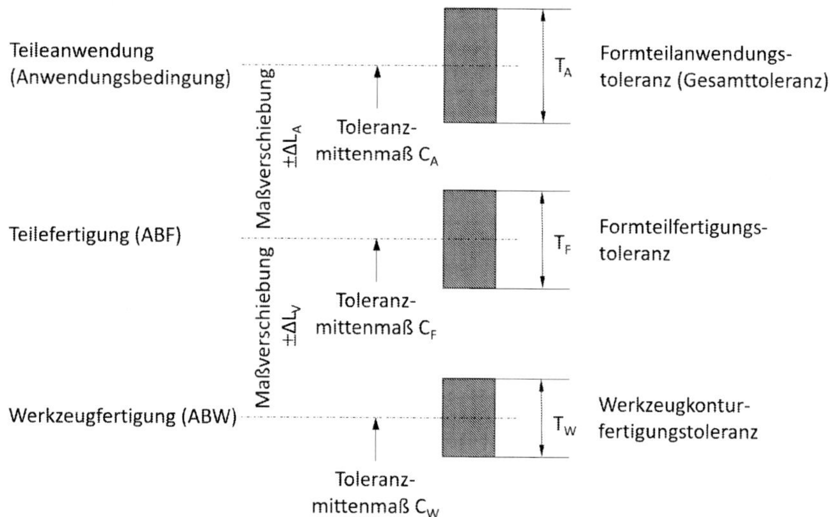

Bild 11.1: Maßbezugsebenen bei Kunststoff-Formteilen

Ausgehend von dem gewünschten Toleranzmittenmaß bei der Anwendung muss bestimmt werden, wie das Kunststoff-Formteil geometrisch zum Zeitpunkt der Teilefertigung (ABF) aussehen muss. Daraus und aus den kunststoffspezifischen Parametern wie z. B. Schwindung wird die Werkzeugkontur (ABW) festgelegt.

Die Tatsache, dass Werkzeugkontur und Bauteilgeometrie unterschiedlich sind, kann bei Bauteilen aus metallischen Werkstoffen ebenso auftreten. Dies ist bei z. B. Umformwerkzeugen wegen der Rückfederung üblich. Allerdings verändern sich metallische Bauteile zwischen der Fertigung und der Anwendung maßlich nicht.

Genau dieser Punkt führt bei Kunden von Kunststoff-Formteilen, die hauptsächlich mit metallischen Bauteilen arbeiten, zu Kommunikationsproblemen. Der Kunde spezifiziert dann auf der Zeichnung eine Geometrie, die in der Anwendung erforderlich ist, und nicht eine Geometrie, die zum Zeitpunkt der Abnahme nach der Fertigung (16 bis 72 h) vorliegt.

Ebenso ist die im Maschinenbau teilweise angewendete Vorgehensweise der Verwendung von Rückstellmustern nicht zulässig.

12 Unterschiede DIN ISO 20457 zu DIN 16742

Im Detail gibt es viele Unterschiede. Im Folgenden wird auf die wesentlichsten Unterschiede eingegangen.

- **Größenmaße**

  Die Werte für die Allgemeintoleranz in den Tabellen unterscheiden sich vor allem bei großen Größenmaßen bzw. bei hohen Toleranzgruppen.

- **Positionstoleranz**

  Positionstoleranzen waren in der DIN 16742 keine Allgemeintoleranz, sondern nur zur Kontrolle der maximal erreichbaren Genauigkeit. In der DIN ISO 20457 sind Positionstoleranzen auch Allgemeintoleranzen.

  Fast alle Werte in den Tabellen haben sich geändert.

- **Profilformen**

  In der DIN 16742 unterlag das gesamte Bauteil der Allgemeintoleranz. In der DIN ISO 20457 müssen die verifikationspflichtigen Flächen gekennzeichnet werden.

- **Bestimmung der Toleranzgruppe**

  Der missverständliche und widerspruchsbehaftete Anhang C *Orientierungshilfen für die Zuordnung der Kunststoff-Formmassen zu den Toleranzgruppen* der DIN 16742 ist in der DIN ISO 20457 nicht mehr enthalten.

13 Checkliste

Zur Prüfung einer Zeichnung hilft die Checkliste aus Bild 13.1.

Bezugssystem:

- ☐ Entspricht der Ausrichtung beim Verbau
- ☐ Toleriert
- ☐ Genügt den Stabilitätsanforderungen
- ☐ Bauteil steif unter Schwerkraft bzw. Verbaubedingungen.
  Wenn nicht, ISO 10579-NR und einschränkende Zusatzbedingung am Schriftkopf

Toleranzen:

- ☐ Alle Funktionen direkt spezifiziert

Allgemeintoleranz

- ☐ Im Schriftkopf (DIN ISO 20457: JJJJ - TG?)
- ☐ Bezugssystem in der der Nähe des Schriftkopfs
- ☐ TG's der direkten Toleranzen geprüft

Bild 13.1: Checkliste zur Zeichnungskontrolle